U0094021

只要3分鐘！

幼教博士教你當好好父母

兒童發展專家 何佩珊 著

20堂育兒心法課

目錄

給爸爸媽媽們的一本「職場」白皮書

我和佩珊是因為師生關係而認識，隱約記得研究所課堂上一個總是精神飽滿又愛問為什麼的學生，引起我的注意。好多年已經習慣研究所學生在課堂上少有提問、互動，她的出現讓課堂增添不少歡樂和活力。

在我的眼中，她的特質讓人想到稱職的幼教人就該如此，我們早期療育碩士班跨專業背景，學生的職業角色與特質差異相當明顯，早期療育專注於幼兒早期發展上的處理與干預，需要各方領域相互結合，需要社工、醫療、教育三方相互配合，因此培養出跨專業領域的人才一直是我們的期待。

合，才能久；分，才能破，兩者之間總是來來回回。學生畢業後，也代表結束了一段師生的緣分，偶爾的聯繫噓寒問暖，雖是分開卻也不忘關懷。如同她文中的第一個篇章〈好好分離〉，父母對於孩子的責任，如同老師對學生之培養，只為了讓學生好好地具備專業上的能力，以便日後職場幫助更多的兒童成為父母的驕傲與榮耀。

確實許多職業角色都會有職場態度白皮書，但若將父母看成職業角色之一，似乎沒有一本可以提供當父母該如何為之的守則。看了本書貼近生活真實探究的心態，用故事的方式敘寫，很適合睡前帶著輕鬆的心情讀上一篇，讓心情沉澱也讓自己有一些時間自省。很高興她開口請我幫忙寫推薦序，這不僅代表著師生情誼，也是我身為老師獻上的一份誠摯祝福。

台中教育大學 早期療育所教授 林中凱

推薦序二

家庭教養不可或缺的心法

不論是工作上、生活上，或者面對親情、友情、愛情，「好好分離」一直是我們人生當中，最難學會的功課。而作者在第一章就破題道出「好好分離是為了下一段生命旅程的結合，生命的故事總是從分合之間開始……」。讓我有了想繼續往下讀的念頭，而這念頭一開始，就停不下來了。

作者用為人父母的責任來開頭，讓我一開始閱讀就掉入了自己久遠的記憶中……，年幼時家境不是很寬裕，父母剛開始是擔任駕訓班教練，後返回家鄉溪湖鎮從事畜牧業，再後來從事手工洗車。當時因家境因素常受同儕欺壓嘲笑，小學六年級時（民國 79 年），家中甚至發生父親被綁架事件，那時的我年紀太小並不知該如何面對，也不知貧窮何錯，更不知父母養家的辛苦。個人雖不曾抱怨，心中亦有許多疑問，但不知如何跟父母親表達自己的感受，更別說對父母表達感恩之情，根本不知道該怎麼跟父母親溝通。直到自己成家後，育有三女，明白了維持一個家需要顧及的事物繁多，反過頭才知道自己也需要兒女的感恩之情，但因不善言辭表達，所以往往選擇獨自承受這樣的情緒。

本書裡有段話讓我印象深刻：「身為父母總希望把自己的孩子保護得無微不至，又希望孩子滿 18 歲後隔天就能立即懂得獨立與負責，甚至能夠回報父母的苦心。這想法不只是荒謬，更是不可能的期盼。」這樣的語句看起來衝突感十足，卻又凸顯了為人父母真實確切的心境。每章文末，又會針對主題提供練功心法，讓讀者可以藉此增加育兒功力，堪稱超實用的工具書。

我家有三千金，家庭氣氛也尚稱融洽，對於父母子女間的相處，自認就算稱不上專家，卻也身經百戰，小有一番見解。但本書中點出了幾個我從來沒有注意的觀點或作法，例如：〈觀察才能看見〉中提到觀察孩子成長的祕訣；〈說好還是說不好〉讓我知道原來當我們在教養孩子的同時，孩子也在教育我們；〈愛的蹺蹺板〉讓我了解就算再愛也需要喘息。文中許多章節都讓我對於家庭教育有全新的觀點，我看了之後也試著把其中教育心法應用到我自己的家庭中，以下就來說說，我在家中的親身應用經歷。

在面對兄弟姐妹間的紛爭時，身為父母總是認為在第一時間就該介入調停，用大人認為正確的方法和邏輯來處理。但作者在〈欣賞紛爭〉章節提到「手足間的相親相愛不是教出來的，而是由相處中長出來的信任與相信，只有透過更深的相處，才能淬鍊出情感的相依。父母不過分介入紛爭，才有機會讓手足看見紛爭所帶來的傷害和禮物。」文末也提到手足心法：「①年齡相仿的手足除了需要專屬領土外，還需要中立區。②紛爭也是創造成長的一種方式，掌握每次紛爭的機會教育。③面對手足紛爭，先欣賞後處理。④懂得吵架也要勇敢和好。」

透過適當地分配家中的區域，建立專屬領土和中立區，可以協助父母分擔一些解決紛爭的工作。然後掌握每一次手足間的紛爭，做好機會教育，創造子女的成長，就能達到欣賞紛爭的訣竅。這一點的確徹底顛覆我的思維，原來面對手足間的紛爭，最好的處置方式，不是積極介入，而是「欣賞」它，才有機會讓手足看見紛爭所帶來的傷害和禮物，這部分可真的是讓我收穫滿滿。我把書中學到的應用在與家中三千金相處上，一開始三個女兒都不太習慣，有了爭執，怎麼爸爸不見了？怎麼沒有馬上出來調停或者斥喝？我試著讓子彈飛一會兒，等到他們也靜下來，再來跟他們討論剛才紛爭的起因，他們怎麼看待彼此的行為，這樣的行為對彼此、對家庭會有什麼傷害？他們對於這樣的傷害，抱持著什麼看法，如果是負面的，那我們該怎麼修復彼此的關係。這樣一輪下來，雖然很花時間，但是我們夫妻和女兒們都獲得了前所未有的體驗和收穫，在經歷過紛爭之後，居然還有種重生的感覺，這是讓我最感到驚訝的，非常推薦讀者們一起來體驗看看。

久富餘工業有限公司 總經理

自序

成為孩子「夢」的守護者

骨子裡那不服輸的傲氣跟著我一路成長，波折磕碰都是日常的理所當然，因為我就是那種拼命質疑、提出為什麼的桀傲不遜。並非不臣服於生活，而是對於存在的狀態好奇著為什麼。考大學的那年，媽媽要我讀師範，我卻跑去學商，給了媽媽一句「當老師的日子很無聊，我受不了」。爸爸要我專心讀書就好，但我卻樂在安親班裡兼職，享受自力更生的小小成就感。

畢業後，媽媽要我回家幫忙園所工作，我搪塞藉口，自己開起了安親班，身邊來了各式各樣的孩子。直到我真正看見孩子們需求的那一天！心對了！路就順了！回到家，花了幾年，再讀了一個幼兒教育的學位，和兩個碩士學位。實務與理論的夾殺之下，每天的腦中都是孩子的需求與問題，求學的這些年更有幸跟著教授走訪世界各國參訪不同類型的幼兒教育，自此，我以為自己的毛被順服了。

不過後來我才發現，這樣的甘願只是讓我知道這輩子我要往哪個方向前進罷了，許多人以為之後我會乖乖地接掌家中工作，可是我沒有。我最終選擇闖蕩，內心的聲音告訴我需要更多的看見，只有熱愛才能堅持，只有想要才會勇敢。因此我去了大陸開辦園所，面對著與更多家長的溝通、演講講座、call in 回答來賓、培訓、課程……，多元的生活讓我對育兒有更多的想法與能量。

育兒路上的酸甜苦辣、箇中滋味相信絕非三言兩語能蔽之，朋友常說：「能被你教到的孩子真幸福。你總是能看到孩子身上的那道光！」而我喜歡分享一段詩句：「我把我的夢鋪在你的腳下，輕輕踩，因為你踩著我的夢。I have spread my dreams under you feet, Tread softly because you tread on my dreams.」——葉慈 (W. B. Yeats)。那彌足珍貴的夢，是生命的奇蹟，更是未來的主宰，而我願捧著、依靠著這美麗的夢。

人生的路上我們除了需要貴人相助外，更需要「教練」從旁指引來完成人生每個角色的扮演。「Coaching」是美國近年來相當流行的一種學習與授權模式，把 coach 加上 ing 的現在進行式，代表著我們同步進行著某種練習或學習，所以我喜歡稱自己為育兒「教練」，因為我更希望成為陪伴家長們的最佳指導夥伴。

孩子會長成什麼樣子，父母的影響占了不少分量，但誰來告訴我們如何扮演著一個能守護孩子夢的角色？我喜歡跟朋友或家長們討論育兒心得，也喜歡在育兒路上收集學習各種法寶新招。因為我知道自己不是天生下來就知道該如何當個好媽媽，也明白親子間的磨合有時會存在諸多無奈與情緒，能喘氣還是想逃避，終究都必須回到角色裡。不過，在學習當父母的許多技巧之前，應該把「心」擺在哪裡呢？**心態決定了我們看待事情的角度，有了角度才會產生行為與做法**，這便是我寫書分享的初衷。

經過了這麼多年，自己從少女變成媽，從學習照顧孩子到與孩子共學成長，這一路討教學習也繳了不少學費，或許沒有十八般武藝但至少也能使出降龍九式穩妥親子關係。別以為我家的娃兒特別靈巧聰穎，其實我常覺得他是上天派下來的考驗與修行，因為他有點特殊（患有亞斯伯格症），因此更考驗著我對親職角色的理解與扮演功力，接受角色挑戰這可能跟我本身的性格有關吧！

這兩年的疫情讓我有機會沉澱一下，也讓我有時間把這些年在父母們身上所觀察到的一切寫下來分享。教養是門學問卻也是充滿成就感的歷程，滾動式學習、嘗試著改變，我深信永遠都有更好的可能，因為人類擁有追求美好的能力。期待有機會閱讀此書的您，能在書中的某個地方找到共鳴與被理解的釋懷，甚至有機會安置內心，面對親子間的相處找到更大的力量去改善。相信我們都需要夥伴一同在育兒的路上前行，別忘了，心對了！路就順了！

何佩珊

全家福

好好分離

> 好好分離是為了下一段生命旅程的結合，生命的故事總是從分合之間開始……

午後，陽光斜灑在彩虹雨遮的木棧戶外平台上，一位八旬老叟悠悠的說：「人生悲歡離合百態看盡，才在『擔任父母』這堂課中悟出點道理，那麼身為年輕人的你，覺得身為父母的責任是什麼？」

你能想像嗎？

靜默許久，女孩看似經過一番認真的思考，笑了一笑的看著老叟說：「是讓孩子獨立於社會，合群於團體。」老叟聽完了女孩的回答，笑呵呵的說：「生命從誕生的那一刻起，便注定了分離。而父母最重要的責任，是好好的與孩子分離，給予他們分離後所需要的能力。」

我想這是身為父母的我們都想釐清的問題吧！責任如沉甸甸的重擔，想扛起卻也時常有心無力，想放下又掛在心頭揮之不去。成為父母後，才知道父母不是一個角色，演完了也就結束了，而是一代代相傳的延續，深深淺淺地影響著一個家庭，甚至家族。

世間男女本就是分開的個體，各自獨立，因為相愛而結成連理、組織家庭，這是第一個分到合的歷程；而兩人的生命結晶，藉由臍帶與母親緊緊相連，就這樣十月懷胎一同感受著合在一起的共生直到誕生的分開，這是另一個合到分的歷程；至此，父母便要**開始學著放手與好好分離**。孩子的生命由第一年開始慢慢向外擴大其生活圈，越走越遠！從眼中只有父母再擴大到親戚、同儕、朋友，甚至有天孩子的生活已經遠遠與父母大不相同，而分離是每一個生命中都必須接受狀態。最後，生命會再一次經歷分到合，合到分的傳承與延續，代代相傳。

我們知道孩子並不是父母的財產，也都知道身為父母需要懂得放手，但分離這沉重的字眼，卻讓父母更拼命地想牢牢抓住，用表裡不一的做法面對著生命的安排。有多

少父母一邊要求子女獨立負責的過程中，卻又事事協助，連忘了帶書本都第一時間請假送去學校，向朋友訴苦著當母親好累，卻又認為孩子不能沒有她在身邊。

電話那頭，一個無奈又冒火氣的媽媽說著：「這孩子什麼時候才能學會對自己負責呢？連早上上學都需要我三叫四請才起床。你說，要讓他遲到，我又辦不到！到學校要面對責難的不只有他，老師還會用提醒的方式告訴家長！你說，我還能怎麼做？」又說：「孩子還那麼小，父母怎麼能放手？」我問她：「面對孩子，你打算何時才放手？」她說：「至少也要等到18歲吧！」半個多小時的通話，感受到的除了是身為母親的捨不得與她如此盡力地愛孩子，而孩子卻仍達不到她心中的期待。

試想，她心中的期待是什麼？是當孩子滿 18 歲的隔天，瞬間換了個態度，懂得獨立與負責，甚至能夠回報父母的苦心？這想法不只是荒謬，更是不可能的期盼。生命的養成是日積月累地堆疊，用習慣的模式與習慣的人事物相處，百年不變千古不移，而我們給予孩子是與我們相處的習慣而已。俗話說：「孩子是捧在手心抱在懷中的擁有。」可知這份擁有的真諦是好好分離！

《三國演義》第一回便開宗明義：「天下大勢，分久必合，合久必分。」分分合合乃亙古不變的自然規則，然分合是一綜觀而論的思考觀，比起分合，放手彷彿更像實際的一個動作，如東漢獻帝將手上的權力交給曹操一般。許多父母總把「放手」視為一種心態上的轉變，因此，常常想放手卻又給了自己不能放手的理由，認為孩子還小、不懂事、不成熟。但其實放手是一個執行的過程，有計畫地交接手上的能力給孩子，才是真正面對分離。

你給了孩子多少分離的能力？又要分幾個階段來適應這樣的分離？曾經以為生老病死是人間必經，我們一直到與死亡面對時，才需要面對分離。然殊不知，「分離」竟然是我們養育孩子中最大的責任，也是最難的理解。好在，老天給我們足夠的時間來接受分離，享受分離過程中每一刻的相處與陪伴，給予我們足夠的時間訓練自己的內心堅強和勇敢來面對這樣的分合。也許，當我們準備好時，就能用釋然的心情來面對孩子的教養與相處，不會既期待他們飛翔又恐懼剩下的只有感到不被需要的孤獨。

好好分離，從生命誕生的那一刻起，直到牽著孩子的手把他們成功送進幼兒園與同伴相處，而我們將腳步停在幼兒園門口，便成功完成了分離的第一課。別忘了，孩子成長的歷程也許會與我們越來越遠，但我們必須準備好每一次分離他們所需的能力，足夠他們飛翔。家是孩子飛累了暫時停泊的港灣，是孩子儲備能量準備下一次分離的避風港，而父母對孩子的責任就是：好好分離。

心法 Tips

❤真切理解身為父母的責任，並交接能力給孩子，讓彼此能夠面對分離。

❤分離是需要練習的一種心理歷程，每一次美好的相處都是為了好好分離作準備。

❤分合是生命的延續，我們並不會因分離而孤單。唯有接受分離才能迎接下一次的聚合。

❤孩子的能力是需要透過反覆練習而成就，心態對了！事情就對了！

Lesson 2

觀察才能看見

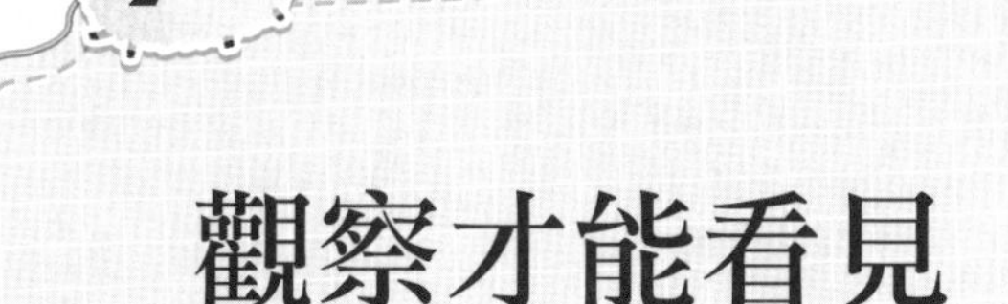

> 相處只有當下，那份感動也許下一秒就沒有了。
> 過去只是記憶中的畫面，未來只是夢想中的藍圖。

每年的3月、9月行事曆上滿滿的是親職的分享講座，各園所總是會在新學期為家長帶來一些家園共育的溝通，趁機替父母們打通育兒經的任督二脈，同時提升學校與家庭間的良好關係。聽著窗外那節奏規律的鳥鳴，聞著桌邊早晨醒腦的咖啡香，那帶點微酸味的果香想必是新鮮的淺培咖啡豆。順著進入大腦的香氣，我思索著這次講座的議題，突然門外的對話聲把我拉回了現實。原來，說話的是一個昨日剛送孩子來試讀的媽媽，說：「她之前就很愛咬手指了，動不動就往嘴裡放！真不知道以後這手會不會變形或是從此這個動作就改不過來了。」老師慢條斯理的回答：「我們可以從現在開始慢慢引導。」家長立刻接話說：「怎麼改都改不過來，以後怎麼辦啊？」

以前值得追憶，未來值得期待。那麼現在當下呢？我們也許該好好想想，以後的怎麼辦，不都來自於每一個「現在」當下的累積嗎？

這讓我想到多年前陪朋友去算命問卜的一個小插曲，那時，剛畢業的我們對於未來總是有那麼一點迷茫，多希望有盞明燈能指引著我們走向正確的道路，好讓自己能少吃點虧，多點快樂。朋友拜託我陪她一起去聽聽，因為她說一個人去問事感覺很怪，而我在好奇心驅使之下，開啟了有趣的體驗。朋友問：「我以後會好嗎？」命理師說：「會！」朋友又問：「我老了以後會有錢嗎？」命理師說：「會！」朋友回程的路上開心地覺得未來充滿希望，而那時我心中卻充滿問號，我問她：「你怎麼沒有問你現在好不好？」她說：「現在就這樣，有什麼好問？我自己都知道結果。」我沒答腔，但心想未來不是每一個現在組合而成的嗎？如此捨本逐末真的能看見美好嗎？

現在過好了，未來自然美好。每一個現在都值得認真去對待、去感受，當每一個現在的經歷都成了過去的經驗，必然能讓未來的自己走出一條適合的道路。因此，回到孩子身上，也許我們應該嘗試去發現在什麼情況下孩子會咬手指，或者什麼情況下，孩子不會咬手指。這樣的「發現」才有意義，才有機會準確地處理孩子的問題、滿足孩子的需求。

廣告詞常說：「愛孩子就給他最好的！」滿足孩子的需求，往往讓多數的父母抗拒不了現實狀態，尤其在孩子越小越懵懂的年紀，總是能夠讓父母說服自己：「孩子長大就懂事了！就順著孩子一回吧！」而這一回就會變兩回，越變越多，多到父母將最後的希望寄託在「未來」上。彷彿年齡與懂事就這樣自然地劃上等號，然而隨著孩子年齡的增長，父母的期待越來越高，容忍度越來越低，突然有天發現怎麼孩子長大了卻沒有「懂事」呢！（這算是夢醒了嗎？還是一語驚醒夢中人？）

往往在帶孩子去看醫生時，許多父母是緊張的，不單單只是擔心幼兒的身體狀況而已，更擔心的是被醫生連環珠的問話，卻只能回答：「不知道。」或「嗯～這要問我老婆（老公）。」反正推給沒到場的另一個人，問題好像就解決一半了。會發生這樣的狀況，是因為我們總忘了相處就是每個「當下」集合起來的過程，我們需要關心留意的也是孩子當下的情況。只有認真收集每一個當下，才有機會編織過去的回憶；只有深刻體會每一個當下，才有機會看見未來的可能。

當下的困難，當下解決。如同「今日事，今日畢」般，也許孩子成長的日程連續又反覆的令人想視而不見，以至於父母會覺得每天其實都差不多。這話若進了某些認真記錄孩子成長的父母耳裡，他們不僅會大聲推翻你的說法外，更可能會忍不住地跟你分享一連串孩子每天都不一樣的小細節。因為成長是生命的奇蹟，每天都有新發現，想想孩子出生的第一年，竟然從躺著到能直立行走，如果每天都差不多，這樣的精彩又從何而來呢？

最後，我請帶班老師觀察並記錄下孩子當天咬手指的

次數和發生的時間點、情況，並與父母進行討論，他們才驚覺原來孩子不是動不動就咬手指。孩子做的每一件事情背後皆有動機，只有探尋到動機才能有效引導孩子。而協助我們發覺動機最好的方法，就是觀察每個當下，別忘了，只有「觀察」才能看見，孩子的成長需要我們好好陪伴每一個現在。下次，要期待他們以後有番作為之前，請先討論現在，觀察孩子每一個當下的改變。

心法 Tips

- 孩子的問題都來自於每一個現在，年齡不一定帶來懂事與改變。
- 過去的回憶，來自於現在的記錄；未來的美好，來自於現在的充實。
- 觀察需要靠記錄或拍照來找尋蛛絲馬跡，別指望大腦幫你統整，那結果會變成一切都差不多。
- 當你開始陪著孩子活在當下，你會發現孩子的笑容更多了，心情更開朗了。

Lesson 3

「成長」看的是時間還是時機？

“時間是宇宙的規律；時機是看準了的給予，身為父母經歷的是教養的時機點。”

心緒瞬間回到幾週前在公園裡無意間聽到的一段對話，溜滑梯旁一個女人牽著一個小男孩的手，邊拉邊扯地說：「很晚了，要回家了！」只見那小男孩又是尖叫又是哭鬧，看上去這孩子也差不多兩歲多了，應該至少會說「不要」或「要玩」這種簡單的詞語表達自己的心情。只見旁邊熟識的鄰人吆喝：「每天都上演一回，直接抱走便是，只會尖叫連一句媽媽都沒聽他喊過。」正當鄰人想繼續說些什麼，女人回口了，說：「大隻雞晚啼，沒聽過嗎？孩子哭鬧，我能懂他要什麼就好。」一旁的鄰人低咕著：「哭久就不用學

講話了，反正哭就有人回應，還需要用說的嗎？錯過了、晚了，還不是做父母的自己受。」女人帶些氣憤地說：「孩子只是還沒跟上、還沒開竅，孩子的爹小時候也是這樣，犯不著你多心。」之後便抱著哭鬧的小男孩大步離開了公園。

這一年，我的生活多了一個新角色，電台 call in 的回答來賓。若問我為何會接下這新任務呢？除了有趣外，更想知道父母在教養上到底想知道的問題有哪些？我想，天下父母心！身為父母沒有一天不操心，期盼子女成龍成鳳又擔憂他們的人生路上坎坷波折。新手爸媽的問題篇章裡都讓我感受到他們初為父母的喜悅與焦慮，例如：寶寶三天沒有排便，是正常的嗎？幾歲戒奶才不會影響發育呢？母奶喝不足一年，怎麼辦？……

許多事總是因為了解而珍惜。陪著父母成長並分享著他們解決孩子問題的喜悅，我知道此刻的自己充滿幸福的正能量。在錄音間裡，有個問題抓住了我的目光，這題目是這樣的：**孩子「跟不上」與「錯過」哪一個比較令父母**

擔憂呢？

對於這個問題，你覺得呢？跟不上彷彿還有機會補上、追上，而錯過好像就是結束了，一去不復返的惆悵。有沒有可能有其他的解釋，也許跟不上是因為孩子能力較弱，永遠處於追趕的狀態，力不從心；錯過也許只是一時疏忽，但沒有能力問題，隨時都能反敗為勝。到底，在孩子的成長面前，那隱形的標準在哪裡？

這隱形標準是幼兒教育發展理論的歷程時間？還是上一輩養育的經驗？或是與朋友孩子相較的差異？亦或是身旁專家們所下的診斷？或許你已經發現「跟不上」與「錯過」都被時間的框架套住了。而標準往往是過去的觀察或習慣所歸納出的一種狀態，提供我們對於事情的參考與提醒。這裡有幾個關鍵字我們可以抽出來討論，包含：時間、觀察、歸納，這三組字詞所代表的應該就是生活中的大數法則！許多事情因之有了「定著點」或「參照點」，但非必然的標準答案。

耳邊迴盪錄音間裡的森林輕音樂，我好奇的回應電話那頭的聽眾：「如果這問題，你比較擔憂哪一個？或你不

期待發生的是哪一個？」她說：「孩子的成長只有一次，我不想因為不經意地忽視而錯過；但卻害怕我的『苦心經營』會讓我時刻焦慮她『跟不上』的問題。現在每天陪她去上親子律動，我就發現她似乎沒有旁邊孩子的主動活潑。」我喜歡這家長真誠不掩飾的愛，她肯定重視孩子，在乎學習。此時，我也聽懂了她覺得孩子在學習上有些跟不上。因此，我又問：「若她的能力真的跟不上，你願意讓她就這樣快樂成長，不要求了嗎？」電話那頭的家長瞬間有些情緒，急促的呼氣說道：「那能否告訴我怎麼幫助孩子跟上？」

在孩子的教養：「七坐、八爬、九長牙」的通則下，時間框住了父母的眼睛，每天盼著等著若孩子的能力提早到來，則歡欣鼓舞鬆了一口氣；若遲了，則千想萬念，甚至思考到底是遺傳到誰？然而，時間真的存在嗎？框住的是一個普遍的常態，還是唯一的規則？若有常態，便有例外！

諸葛亮草船借箭，就欠東風！面對孩子的教養，當萬事俱足，便放寬心讓好事自然到來吧！有時快些、有時慢些，但當父母的陪伴足夠且清楚孩子的性格與脾氣，許多事情就應該放下焦慮，自然水到渠成。然而，「焦慮」身處內心，要釋然還真的不容易。記得我自己小孩九個月大時還不會爬，那時每天的例行作業就是在他面前爬給他看，只是孩子成長的節奏不是你說的算，等待確實換來焦慮，若還要面對周圍的關懷慰問，那精神緊張更是可想而知。因此，我能體會父母面對孩子成長中每一次挑戰和每一個關卡，那隱隱抽動的內心。最後，我的孩子在九個半月後才開始會爬，而且一開始還只會往後爬，原來螞蟻成為他的引路人，小手為了能追上螞蟻，啟動了全身的動能爬出去。

那一刻起我知道**帶領孩子的是「時機」不是時間**，寶貴的機會教育，是環境給予我們的滋養與禮物。我們唯一能做的就是盡可能的努力且願意去做好一切準備，縱使偶爾因不經意的忽略，或許也是一種祝福，因它代表著日後將有機會碰上合適的「時機」提供孩子成長的領略。

智者論時機，只因為事情的變化總是讓人捉摸不定；愚者談時間，是因為他需要靠時間來約束或爭取可能的代

價。培養孩子擁有智者的心靈，懂得掌握並珍惜每一個來到面前的時機，首先，我們要練習成為一個運用時機的父母，而非被牆板上的時間拖著跑。孩子成長的黃金期，是善用每一個機會教育的延伸及反覆的練習。生命會出現渴望的探索，只要善加觀察、不過分阻止，父母都有機會精準地掌握孩子成長的黃金期，成為站在時機上的智者。

心法 Tips

- 機會教育是環境給予的祝福與禮物，請善用它。
- 幼兒成長的黃金期，是善用每一個機會教育的延伸加上反覆的練習。
- 常態之下，必有例外！有時需要我們做的只是放寬心。
- 時機是時間點上的機會，時間則是時機當下的計時器。

Lesson 4

生活的驚喜往往就是日常

> 日常也許微不足道，但平凡就是那麼真實，縱使繁華過境，依然日出日落。

清晨的第一道曙光，混著生產室內的歡樂，女人的心中知道這一刻起她長大了。汗水和淚水爬滿雙頰，在想好好休息之前帶著最後一絲的力氣，聽到護士說：「媽媽，看看你的寶寶。」女人眼底的畫面，她知道這會是一輩子永遠的珍藏。那一眼，注定了這一世的連結。她堅定的告訴自己，要把世上最好的一切都給他。

生命總有幾個時刻，是一輩子都值得珍藏的寶貴回憶。為了珍藏，我們總會不顧一切的保留這份美好，總說父母是天下最不賺錢的職業，無給薪又永遠操心。我

看著你總是那樣的美好，你想要的便是我努力的目標！

女人心想，小時候我沒有擁有過的童年、沒有享受過的玩具，只要我有能力，我都願意為了你的笑容付出。每每走過玩具店，買了一個又一個的玩具，孩子總是只有三分鐘熱度的喜歡，然後又討要新玩具並把舊玩具遺忘在角落的一旁。終於有天女人受不了家中成山的玩具堆，把它們一個個收進箱子裡，最後躺在箱子中的玩具就這樣默默被遺忘了。

女人失落的覺得自己付出是那麼的傻！走在街上看到麵攤裡一個兩歲多的孩子，跟著媽媽在整理豆芽菜，小手捏著一端使力的扯下，媽媽整理了一把，他卻只完成了一根。這一幕，女人靜靜的看了好久。那孩子的臉上竟是滿足，模仿著媽媽的動作，他的小宇宙裡，滿滿都是媽媽做什麼。

走進麵攤，點了一碗豆芽麵，趁機跟老闆娘聊天，女人說：「你的孩子好乖好懂事，這麼小就幫忙家事。」老闆娘說：「你看過孩子眼球裡看出去的世界是什麼嗎？是媽媽，你做什麼，他就做什麼。」此刻，女人懂了，原來她才是孩子最想要的大玩具。

教育家蒙特梭利曾說：「唯有真實的生活才能豐富孩子的心智；玩具，只能滿足孩子的欲望，無法讓孩子內心獲得滿足。」滿足，到底是什麼？許多育兒專家說：「滿足幼兒需求！」當滿足對應需求，難的是父母該如何判斷孩子的需要與想要？真實的生活中充斥著為了生存所需的一切基本需要，無論生理的吃喝拉撒、心理的哭泣懷抱或精神的鼓勵喝采，真真切切的感受生活，並且延續著生存的一切能力，這是需要的美好，是一種當擁有與獲得時，會飽滿內心的喜悅與滿足。

最近 YouTube 影片中，有許多外國媽媽分享 Toys or Random things的親子實測。他們用媽媽的視角看孩子的選擇，一邊是玩具一邊是生活用品，看看孩子第一時間會拿起什麼來把玩，然後記錄選擇玩具或生活用品的次數，統計哪邊分數高。結果，生活用品竟然獲得勝利。影片下方許多留言還說孩子怎麼想的跟我們不一樣！或說錢可以省

下來了！

這讓我想到莊子的寓言故事「知魚樂」，你不是魚，怎知魚樂？我們的成長記憶中也許會羨慕其他孩子所擁有的玩具或禮物，但不代表我們真實想要這樣的滿足。有時父母的陪伴、父母的擁抱，就會讓我們甜甜入夢，飽滿精神。珍惜孩子的眼中只有我們的這個時刻，也許他們長大以後眼中還會有其他在乎的人、事、物，但生命就是這樣幸福，我們都曾經是孩子眼中那唯一的追尋，他們向追星一樣，追逐著我們的一舉一動，渴望著我們的關注；我們以為只有我們眼中滿滿是孩子，原來，孩子眼中也滿滿是我們。

填滿孩子眼中的是與父母生活的日常，是家庭中那平凡又反覆的生活方式，也許爸爸洗手只洗前半段，你會發現孩子也是；也許媽媽每天出門都要擦口紅，你會發現口紅會是孩子最想要得到的玩具，你喜歡做的事就是孩子的想要一起參與的事；你日常的小舉動會成為孩子身上順理成章的小動作。

可曾想過，幫孩子買玩具的動機裡有一部分是想彌補自己曾經的童年？那個真正想要玩玩具的人，也許是身為父母的我們。或許是孩子帶著我們再一次回到小時候，讓生命有機會再感受一次。如果是這樣，我們也許更該珍惜這一刻。再一次經歷的生命歷程，陪著孩子成長走回自己的時光寶盒，一起回到小時候，一起陪孩子玩起來吧！

- 孩子的滿足來自於父母的陪伴與參與。
- 我們是孩子最喜歡的大玩具，永遠都玩不厭、玩不膩。
- 父母是孩子生命中第一個偶像，懂得享受被孩子當偶像的幸福。
- 面對孩子，要懂得：想要，是適可而止的給予；需要，是展開雙臂的付出。

說好還是說不好

“說好，是因為我愛你；說不好，也是因為我愛你，
愛讓我們的心理站穩了態度。”

入冬了，安親班的教室裡終於不再悶熱，看著孩子寫作業這是女孩最喜歡的兼職工作，面對著眼前這剛上一年級的孩子們，天真地常有著天馬行空的對話，是女孩開心地精神食糧。這天，小欣分享著媽媽說今年聖誕老人還會來，要好好布置和早點睡覺，才會有禮物！大家熱烈的討論起自己的聖誕節經驗，突然小薇生氣的說：「你們都被騙了啦！我媽媽說世界上根本沒有聖誕老公公，那是大人騙小孩的故事。」

到底真的有聖誕老公公存在嗎？女孩開始為這群小

一的孩子們講著她的聖誕故事，那個充滿神奇的情節和一句祈禱的咒語，讓每一個教室內的孩子們拼命的背誦著，而那生氣的小薇也認真地把咒語記了下來。就這樣有好幾天的時間大家都認真的練習學拼音寫國字，因為他們需要把願望紙條藏在枕頭下。而女孩也開心著能給班上孩子帶來童年的一抹記憶。

她總是喜歡對每一個孩子說：「好！我們試試。」因為女孩覺得「好！」是肯定能帶給人力量。當孩子違反教室規則時，她還是會先說：「好！我們等等再想想。」孩子們都會再聽到「好」後露出笑容，充滿活力。

有白天就有黑夜，生命也許就是一黑一白的搭配。某天下午小薇的媽媽來到安親班，語氣嚴正的訓斥女孩，說：「請你不要告訴她世上有聖誕老人這樣的蠢事，可以嗎？我是單親，沒時間陪她搞童年玩夢想。」又說：「還有請別再一直跟她說好，可以試試。因為在我的教育裡，不可以就是不行！沒什麼值得期待的。」小薇媽媽的話，重擊了女孩的內心。那晚，她腦中旋繞

的是小薇媽媽離開前最後的那一句話：「她就是應該面對現實，外面的世界拒絕比接受多，我要她習慣被拒絕，不要長得如此脆弱。」

終於，黎明從窗戶外透進微光，一夜思考後，女孩跳開了思維糾結到底說好還是說不好，才是教養孩子應該存在的價值與態度；她知道「說不好」是小薇的媽媽出自於保護的選擇，說「不好」其實是因為我愛你，而女孩的「好」反而造成了小薇的干擾，因為女孩知道真正要一起生活的是小薇和她媽媽。

教養是父母與子女共同經歷的一條漫漫長路，藏在我們生活家庭中的每一個細節和小動作裡頭，家庭環境讓身為成人的我們有著處世的價值觀，相信沒有父母希望子女吃虧受苦，對待子女的一切方式，也只是希望他們以後能過上更好的生活。

許多教養的書籍常說要正面鼓勵孩子，父母要多說正面的話語，不能老是阻止孩子。我想這樣的老生常談是教養經典中的遵循方向。然而，身為父母的我們在成長的記憶中，得到正面回應的機會又有幾回呢？我們是不是也從「這個不行！」、「不要摸！」……的話語中長大了。也許心裡有著疙瘩，又或許早已遺忘這樣的成長小事。

教養的方式也許沒有絕對的好與壞，嚴格的虎媽也有玻璃心的時候，面對孩子到底要說好還是說不好呢？除了理解教養的藝術外，端看身為父母的我們打算如何與孩子們相處，因為所有互動回應的累積，縈繞著我們的生活，予之受之皆回到我們。

坦白說，在教養的討論中最大的關鍵不是說「好」還是「不好」，而是**父母的情緒與灌注在教養中的「比較」**。開心就答應，不開心就拒絕，無所適從的孩子面對的不是教養，而是難以理解爸媽的心情。懂得察言觀色的孩子，就得寵些；那天真直率的孩子，就跟著心情洗三溫暖。

要不帶情緒的教養如同得道高僧般的困難，父母們如同紅塵修行中的僧人，孩子是領我們修行的活菩薩。習慣的說話方式，是教養孩子的第一道門；熟悉的生活模式，是教養孩子的第二道門；百轉千迴的情緒，是教養孩子的

第三道門；期盼與比較的心態，是教養孩子的第四道門；家庭氛圍與夫妻的價值觀，是教養孩子的第五道門。

五道教養之門，是父母與孩子一同經歷與學習。我們看別人往往只能望見其中一面，或許美好或許醜陋；我們看自己，除了想遺忘的那一面外，剩下的就是真實。教養也是如此，別人的方法，可以參考、借鏡、學習，但永遠要先問問自己，我打算如何與孩子一同過生活。

家庭教育是個人成長的起點，家庭的樣貌也決定了孩子看世界的觀點，既然是觀點便沒有絕對的對錯，只有大多數人接受與否的討論。泰山的孩子需要與老虎一同大吼，海女的孩子需要懂得悠游大海，父母決定了孩子以後面對生活的態度與對待萬事萬物的想法。教養蘊含著教育和養育，這兩者在思緒上有一定程度的衝突，教育需要技巧、目標、策略等相對剛性的塑造；養育需要包容、呵護、照顧等日常柔性的陪伴。一個講生存一個論生活，如白天與黑夜，周而復始的環繞著我們的生活。

- 五道教養之門，找出最容易影響自己的教養之門。
- 當我們在教養孩子的同時，孩子也在教育我們。
- 愛的方式很多元，說好或說不好都是愛。
- 教養不是人云亦云，而是思考自己打算如何跟孩子一起走。

皮球踢給誰才好

> 抉擇，不是一翻兩瞪眼的狀態，而是內心翻來覆去的掙扎。問世間有沒有稱如己意的桃花源。

搜尋媽媽社群討論區，我家寶貝給誰帶好呢？每一年都會是討論排行榜的常客。在廣播電台的call in育兒節目中也常聽到許多媽媽們討論孩子交給誰照顧才能放心？以及媽媽擔心自己無法勝任好照顧孩子的任務。到底，孩子出生後，應該交給誰照顧最好呢？

女孩看著自己逐漸隆起的肚子，有喜悅也有擔憂，她知道自己即將面對未知的改變，還沒想好要怎麼坐月子，就開始與另一半討論起孩子出生後，要由誰照顧的問題。而先生反而一派輕鬆的說：「要嘛你自己帶，不

然就送回去鄉下給我媽帶，再不然你要送去托嬰中心也可以，總之不要叫我照顧就好，我負責賺錢供你們生活已經很辛苦了，不要這點小事也要來煩我。」雖然給了三個答案，但有說等於沒說。

這哪是一點小事？女孩心中默默地鬱悶了起來，心想，為何只有她要因為孩子的到來，而改變生活面對未知？為了安胎待產，她也是放棄了喜歡的工作，本想回嘴，但想到胎教她便悻悻然地收下了心中的怒火。她知道她願意照顧孩子，但她也想擁有些自己獨處的空間與時間。

養兒方知父母恩，女孩打了電話給母親，問母親日後有沒有幫她照顧孩子的打算？母親說她也想好好的享受老年生活，不想再照顧孫子了。女孩卻說，她覺得自己是新手媽媽無法把孩子照顧得妥當。母親安慰她，一切都有第一次。她告訴母親，不管怎麼選就是不想把孩子教給婆婆照顧，搬出了隔代教養、習慣不同、不好溝通等理由。

從孩子出生的那一刻起，我們的生活安排便開始圍繞著他打轉，這樣的情況至少都會維持到小學，甚至國中以後。當我們想跟老公去電影院看電影時，要先想著孩子臨時托給誰？當我們想要出去工作時，要先安頓好孩子給誰照顧？甚至懷孕挺著大肚子時，便開始與另一半溝通孩子的照顧等一切問題。

那種想甩又甩不掉的感覺我們形容他為燙手山芋，想踢皮球又不知道踢給誰好？許多家庭主婦的媽媽們為了照顧孩子全心付出；許多職業婦女更是過著與時間賽跑的生活，孩子工作兩頭燒；還有把孩子托給親友、婆婆照顧的媽媽，常敢怒不敢言，怕講錯話關係弄僵了；交給托嬰中心照顧的媽媽們，除了要負擔較高的托育費用外，還要擔心新聞媒體上面講的虐嬰問題。

上文中的女孩後來想起一個她要好的朋友，打電話去找他聊聊，電話那頭爽朗的笑聲，暫時掃去女孩近日的沉悶，朋友說：「我的孩子當然自己照顧阿！皮球怎麼踢最後都還是會滾回來，到時變形扭曲反而踢不動，怎麼辦？」又說：「其實誰照顧都好，若你自己照顧，孩子的習性都掌握在你手裡，成長的成就感不輸工作上的榮耀；若交給自己的媽媽照顧，你隨時有機會重溫兒時的點點滴滴，充滿懷舊味，與家裡交流也多了；若交給婆婆帶，雖習慣不同但省事省心，先不管隔代教養上的寵字，但你的時間自由多了；若交給托嬰機構、保母照顧，人家有規範的作息處理，把孩子的能力都訓練好了，你能上班維持朋友圈，這哪裡不好呢！」

想開點，孩子的成長跟你的人生一樣，就一次而已。時間會帶領著我們更加成熟，孩子也會長大的，直到有天他們有能力自己去乘風飛翔，也許面對空巢期的你還會有失落呢！女孩兜了一圈，心裡默默地想著，為孩子犧牲三年的自由吧！

生命的誕生是一連串的奇蹟，經典繪本《鱷魚鴨》（*GujiGuji*）講述著一顆鱷魚蛋滾到鴨巢裡的故事，小鱷魚一出生第一眼看到的是鴨媽媽，也開始跟著其他鴨寶寶一起學著過鴨子生活。當然這故事相當精采，有許多發人深省的地方，但我們從這段落也能發現孩子由誰照顧，就自然而然會學著模仿照顧者的一切生活方式與習慣，那是

他生命中最直接的看見。

誰照顧都好，別為了這樣的問題焦慮或衝突，這一切只是我們與孩子一起生活成長的一小部分而已，只要我們一直圍繞陪伴著孩子的成長，關注自然不會減少，多一些人一同給予疼愛，對於孩子也是幸福。需要憂慮的只有那想踢皮球的心態，用一種逃避的方式來照顧孩子，一邊安排孩子又一邊嫌棄其他照顧者。如此，將會讓自己陷入照顧的膠著，**你的「累」將來自於孩子在適應每一個照顧者上的不適應與反彈。**

心法 Tips

- 照顧是準備放手的第一步，因為它會讓你知道適合放手的機會點。
- 誰照顧都好，準備好一同為孩子付出的心態。
- 照顧孩子的同時，記得也要照顧自己與另一半的心情。
- 生活中難免需要妥協，但別忘了累積愛的記憶。

愛的翹翹板

> 小女孩珍藏著珠寶盒，小男孩收集著玩具牌，他們都努力在生活中留下足跡。

老婆婆在昏黃的燈光下獨自一人吃著晚餐，老伴離去讓她頓時擁有了用不完的時間，而這個時間彷彿都忘了流走，靜靜地像她那年邁的身軀般走不動了。越想在剩下的時間裡努力地向前走卻越走入記憶裡的曾經。

在時光的記憶中她先是為父母活著，因為家裡孩子太多養不起，只好把她送去當童養媳，那一年她只有 12 歲，她記得媽媽的叮囑千萬要聽話，才會有飯吃。聽話的她開始為夫家的大家族而活著，忙不完的家事，一家老小都需要她的照顧，就這樣一晃眼就六十年了。她以為終於有時間留給自己，卻又操煩子女的事業與家庭，為了不給子女壓力開始上市場擺起攤子，總想著多做一點是一點。還好老伴還能是她生活與精神的陪伴，直到老伴先走一步，她才知道這輩子多出來的時間，她不知還能做什麼？

時代的歲月中，有許多這樣偉大的父母，無論是父親或母親，為了家庭與子女拼命的付出，忘了自己，與其說是把希望寄託在子女身上，倒不如說他們已經把愛視為理所當然的責任，既然是責任，那就要扛在肩上，走到哪扛到哪。

剎那間，當愛與責任的天秤失衡時，迷霧裡看不到那是自己還是自己想像中的幻影。現在許多父母雖然懂得空間所帶來的美感，也願意嘗試給自己和子女都有屬於自己的私人空間，但骨子裡那老婆婆的責任感仍在，放不下的是揮之不去的牽腸掛肚。

2020 年全世界在新冠病毒的肆虐下，疫情改變了生活，孩子們開始在家展開停課不停學的日子，原本固定作

息的生活裡，父母都擁有著自由的八小時，孩子上學、我們上班，各自擁有著愛的喘息時間。然而疫情之下父母們「愛的缺氧」程度瞬間升高，臨近崩潰的抓狂、呼吸急促的憤怒、思緒雜亂的煩憂，成了疫情下內心的日常。

網路線上吐苦水、同溫層取暖、尋求解決、消費購買線上課程⋯⋯，這些都只是為了調節失衡的翹翹板，不得不為自己與家庭的情緒找個出口，至少現代父母懂得找方法、換心情，不再委屈用老一輩那種堅守忍耐的方式來面對愛與責任。

曾經在一個企業聯誼中，遇到了新型態行業的直播主老闆們，聊天中才知道他們工作的時間很特別，他說直播主都是工作下午 2 點或晚上 9 點後的時段，因為只有媽媽們有空滑手機的時候，他們才有生意。孩子睡了，媽媽們才有那一點點片刻的自我，追劇、購物、聊八卦。圍繞著孩子作息的生活，讓父母們都忘了彼此也需要被關心、在意，當孩子占滿了我們的注意，另一半有時就成了多出來附屬。

父母的愛情是孩子情感的內控溫度計，孩子總能知道現在家庭溫度是幾度。愛的氛圍能讓孩子充滿信任與安全的感受，那是一種不言而喻的深刻、自在真誠的笑容。愛讓屋子變成家，責任讓我們成為一家人。有次閨蜜午茶時間有個朋友聊到，走進家庭這麼多年，突然忘了愛的感覺，明明知道自己很需要被愛的氛圍，但忙碌的家庭生活與柴米油鹽，讓她懷疑當初是什麼原因使自己堅持走進婚姻，現在維持起來常常需要深呼吸，我問：「你的興趣還堅持著嗎？」她說：「怎麼可能，帶小孩哪有時間！」

當我的世界只有你，那我在那裡？而你的世界會因為這樣，而只有我嗎？父母對子女是愛、是責任，這兩端如天秤需要平衡。因為我們都希望孩子有天能自由翱翔，有自己揮灑的舞台。那我們自己呢？懂得在建立一個家之後，讓自己仍有獨處的空間好好愛自己嗎？

有熱鬧就有寂寞，有團聚就會有孤獨。當你習慣了孤獨，你便不會討厭黑夜的寂靜；當你接受了寂寞，你便有機會聽到自己與自己赤裸裸的對話。當父母牽著子女的手一起走，是陪伴；當父母放手讓子女自己走，是祝福。在放手的那一刻，父母知道我們不可能一輩子都陪著他，孩

子知道帶著祝福，路要自己走。

讓孩子擁有獨處的時間，也讓自己有愛的喘息時間，我們都需要善待自己，好好地聆聽自己內在的聲音，那怕只是一首歌的時間，都能讓我們飽滿精神擁有面對現實的勇氣。

善用時間的魔法，替孩子預備遊戲時間，當他享受在自己遊戲的世界時，身為父母的我們便也擁有了自己的時間，能做點自己喜歡的事。或許你會說孩子不願意自己遊戲，那是因為他不懂遊戲的玩法與獨處的自在，這便是我們引導他練習獨處的機會，想想在孩子總是模仿著我們的言行，你會找到方法的，也許是從各自獨處的小遊戲開始。總之，當我們願意走出「愛的缺氧」，那一切便開始不同，別忘了，**孩子需要我們，但我們也需要自我**。

- 準備好每個人的獨處空間，讓自己的內心感到安心與舒適。
- 只有懂得愛自己，才能擁有愛人的力量與精采。
- 愛讓屋子變成家；責任讓我們成為一家人。
- 獨處與團聚都是生命的足跡，都有值得我們珍藏的意義。

蝸牛與黃鸝鳥

> 秒針跑得快，時針走得慢，繞一圈一樣都是 360 度，用自己喜歡的節奏與生命相處。

「森林裡有一隻好動的兔子和一隻慵懶的烏龜，兔子總是自得意滿地笑烏龜又慢又笨重……」週末午後一群小孩圍坐在女孩身旁，聽著大姊姊說故事，兩眼瞪得大大的，好似怕漏了哪個情節或畫面，專心的神情讓旁人看了都微微笑了。故事的最後，女孩問孩子們說：「你們想要當烏龜還是兔子呢？」有個胖胖的小弟弟說：「我要當烏龜，因為烏龜跟我一樣胖胖的，而且最後還是第一名。」靈巧的小妹妹說：「我要當兔子，因為兔子跑很快很聰明，而且我不會在樹下睡覺。」又有聲音說：「烏龜比較好，慢慢走就能第一名。」小孩們幾番有趣的回答後，依舊討論不出到底當兔子還是當烏龜好？童言童語實在有趣，女孩內心也默默問自己，到底當兔子還是烏龜比較像她自己呢？

龜兔賽跑的寓言，曾經是我們兒時床邊的睡前小品，講著一隻勤奮的烏龜與一隻聰明兔子兩個賽跑看誰先到終點的歷程。聽故事前問孩子，你們覺得誰會贏呢？孩子一定自信滿滿的說：「兔子！」而寓言發人深省的地方，總是在出人意料的驚嘆號上，因為最後是勤奮的烏龜贏了。然後父母就會告訴我們要學習烏龜堅持不懈的精神，千萬別向兔子一樣自得意滿，因輕敵而慘遭滑鐵盧。

在某一次，親職講座中我利用「龜兔賽跑」的寓言和父母們討論孩子的發展，我說：「你們希望孩子的成長發展如兔子還是烏龜呢？」這是一個很棒的育兒哲學，哲學有趣在於沒有一定的正確答案，但卻能透過思考與對談中找到自己安身立命的價值觀。

想必很多父母希望自己的孩子發展像兔子，聰明伶俐、學習力強，躍進的成長讓爸媽臉上有光。他們也許會說我寧願他聰明卻偶有偷懶，至少我不用擔心他總是追趕不上同齡的孩子；或說至少他的小聰明在現今的社會能避免被欺負。你知道孩子的學習與發展的好壞，對父母是一種期待也是一種壓力嗎？

當然有些父母會選擇孩子的發展像烏龜，也許走得慢、走得辛苦，但最終依舊能走到終點，而堅硬的龜殼如孩子內在的堅持一般，至少知道他不會輕言放棄。陪伴其成長的父母，除了要想辦法幫助孩子追趕同齡幼兒的發展外，更難以短時間看到孩子的進步，對父母而言也是一種內在的煎熬。若是你，你會選擇哪一個呢？

從幼兒的發展理論中，我們知道孩子的發展是連續不間斷的過程，每一個階段環環相扣，透過外在的刺激帶動發展、成長，學習是一種有形與無形的給予，潛移默化、傳授引導都能帶動孩子的發展。只是每個孩子都有自己的成長節奏，如樂曲的樂章一般，有快板、慢板、急板等不同的速度。

還記得小時候爸爸教我唱的一首兒歌《蝸牛與黃鸝鳥》：「樹上兩隻黃鸝鳥，嘻嘻哈哈在笑牠，葡萄成熟還早地很啊，現在上來幹什麼……，等我爬上它就成熟啦！」簡單的一首兒歌卻充滿深意，蝸牛知道自己走得慢，所以認分地早早開始爬藤，最終依然能得到相同的結果；黃鸝鳥飛得快，除了等待葡萄成熟外，還有時間結交朋友蝸牛，為自己迎來友情與學習。

了解自己的長處與學習節奏，永遠比拚命追趕著別人重要。父母面對子女的發展，免不了需要與同齡孩子相較，但相比較的目的只是在於了解常模，也就是發展表上的均值。透過均值我們會知道大部分孩子的發展情況，但心中仍需了解每一個孩子皆有自己的發展歷程表，或快或慢，時而停頓時而加速，我們需要準備好的是平常心與同理心。

因為過程遠勝於結果更值得精采、回味。每一個體都是世上最特別的存在，每一個孩子都有著獨一無二發展頻率。韓劇《那才是我的世界》描述的一對同母異父的兄弟從相遇到相伴的故事。哥哥是個拳擊手，弟弟有自閉症但

卻是天生的鋼琴家，光看YouTube鋼琴影片就能學會一首曲子。每個人的人生都有不順遂的時候，但卻仍擁有自己的節奏，讓我們去面對去發現。影片的最後以動人的鋼琴獨奏會中收尾。

當然影片中有許多可以討論的觀點和議題，也許可以用不同的角度切入，藉影片的視角來看見每一個孩子都有不同發展的可能。近年來，有許多電影例如：《心中小星星》、《三個傻瓜》……都能讓我們對孩子的發展有些觸動和啟發。

「急驚風配上慢郎中」這會是一個什麼有趣的畫面呢？你也許已經想到許多生活的畫面，例如：你急著要出門上班，孩子仍慢條斯理地咬著吐司整理書包；要孩子趕緊專心寫完作業，孩子晃了兩小時才寫一頁，還跟你說時間很多啊！心中那無名火瞬間燃燒。當兩方對事情處理的速度和反應狀態不一致，一快一慢、一急一緩，永遠是反應快的先著急，常有著「皇帝不急，急死太監」的無奈。

大人的時間總不夠用，而孩子的時間卻相反，這樣的感受來自於我們需要處理與面對的事情太多了，以至於總有被時間追著跑的感覺。但關於孩子的發展，卻急不得。了解同齡孩子的發展外，**也需認識自己孩子的發展節奏，用他的速度來建構與鷹架他的發展**，改變總在你開始接受、相信之後。

頻道只有調到對的接收位置上面，才能最清楚的聽到傳來的消息；發展只有了解孩子的性格、能力與節奏，才能快樂經歷享受孩子的成長。

心法 Tips

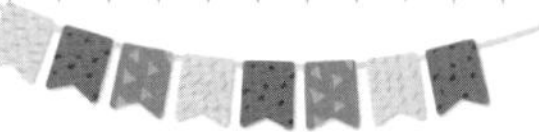

- 了解孩子成長的節奏，享受發展過程中的快樂。
- 發展是過程，有快有慢，但最終都能到達終點。
- 別讓自己心中的擔憂與壓力，成為孩子成長的沉重負荷。
- 了解孩子的長處與學習節奏，永遠比拼命追趕著別人重要。

紅、黃、藍的調色遊戲

> 俗諺：好孩子都在別人家，壞孩子都在感化院，
> 不好不壞才在我們家。

兩個從小就情同姊妹的女孩，她們相約讓自己的小孩要一起長大、一起讀書，接續這段感情。看似這樣一切美好且值得的規劃，直到兩人都有了孩子。這天，她

們彼此分享了聽來的消息，因為她們準備要為小孩選擇適合的幼兒園，兩個女孩說好要讓孩子們讀同一個學校，努力地打聽、拼命地比較。「聽說」要讓孩子從小就開始學習外語，以後才不會在英語學習上充滿壓力；但又「聽說」如果母語都還沒學好，就加入另一種語言，可能會造成語言學習上面的挫折感，以至於兩種語

言都無法流利地表達；「聽說」這邊的英文外師比較有方法，「聽說」讀全美幼兒園從小課業壓力就比較大……，一連串的消息讓兩個女孩陷入膠著，她們不想破壞彼此的約定，但又不知怎麼樣才是最好的選擇。最後，看著兩個玩在一起的孩子，她們決定邊走邊試，至少有伴比較勇敢。

每個孩子都有自己的特質，聽說之餘，或許可以回過頭來看看，孩子長出來的樣貌到底適合放在什麼樣的環境？我們跟孩子又是用什麼樣的方式在連結關係呢？

彩色的世界原來是紅、藍、綠這三種視覺原色所調和出的千變萬化、萬紫千紅，雨過的天空中總有機會看到一抹紅橙黃綠藍靛紫的七色彩虹，是光傳遞的祝福。身為父母的你，希望孩子散發出什麼顏色的光彩呢？顏色的調和實在有趣，兩種原色可以變化出另一種顏色的色階，但三種原色卻能變化出數種顏色，它可以是絢麗，也可以是黑暗。

有的父母常常看著自己孩子的習性和行為，然後跟另一半說：「這就是遺傳到你，怎麼好的沒遺傳到，然後……。」當孩子們跟同齡孩子們一起玩時，坐在一旁的媽媽總是看著別人家的小孩說：「如果我們家孩子有你們這樣聰明、好照顧就好了。」或說：「好羨慕你們家孩子這麼好教！」真希望這只是聊天的恭維，而非父母心中那個比較的看見。

網路資訊的發達後，興起一波網路育兒，任何育兒碰上的難題，第一時間就是詢問「谷哥大嬸」，在論壇、討論區中蒐集大數法則後，總能理出一些頭緒：聽說要怎麼做才對、聽說某某做法很厲害、聽說要送去哪一家幼兒園比較好。好多的「聽說」在父母心中成了「育兒指南針」，「網路媽媽」成了時下的育兒大補帖。

這樣的聽說，不僅帶動了新行業的興起，網路行銷快速置入，更帶起了父母在育兒上面的專家心態。老一輩的方式不只是落伍過時而已，年輕人紛紛要求以科學育兒的方式來照顧孩子。邊學邊做，還要負擔著生活，現在的父母著實也不容易啊！

「消息」的解釋是消失與生息，藉此選擇我們需要並淘汰掉不需要的資訊。只是消息的數量往往過多到讓我們來不及思考，最後往往只能憑藉著感覺、經驗、直覺來辨識消息的真偽，透過評比、完勝圖來快速了解功能好壞。總之，在養育孩子的過程中，錢還是要花在刀口上才是。

別人碗裡的飯總是比較香，這樣的心理情愫從我們父母的父母那一代早就如此了。這種「外國的月亮比較圓」的聽說永遠比較厲害，那種過一過洋墨水後回來就有好成就的時代，也許現在慢慢式微了，或說我們終於親眼目睹國外的月亮，心滿意足了。

但骨子裡那種「聽說好像很厲害」的心態，仍時常擺弄著我們與子女間的教養關係。小時候，我曾問母親為何這麼多人取的名字都一樣，「菜市場名」傳遍大街小巷，一呼喊就會出現一群人回頭，媽媽說：「這些名字都是請老師算過的，聽說這能讓你的命比較好啊！」結果，每個時代都有那個時代的名字排行榜。

聽了這麼多人說，是不是有機會好好看看自己孩子的真實樣貌呢？先找找看、觀察看看孩子身上的特質，每一

種特質都有相對適合的相處照顧方式。教養真的是邊嘗試邊調整的滾動學習，在過濾消息後，別急著把聽說套在孩子身上，我們也許更應該做的是積極建立與孩子的關係，這裡指的關係不是身分上的關係，而是內在那隱形堅韌的連結。

由關係的連結切入，才有可能創造學習的質變。學習不只有表面上的成績而已，那種不經意的學習與模仿，往往影響得更深；而質變若用簡單的語詞形容，就是孩子開竅了！那觸類旁通的領悟，充滿動機的探索，都是需要建立在關係之上。

我們都需要消息，但不能只是聽說，更別陷入評比的迷霧中。無論感官如何讓你覺得深信不疑，在為孩子的學習安排上，最後都需要將焦點放回到孩子身上，看見孩子身上的光，建立與孩子關係的連結，理性示範，感性同理，讓孩子知道我們傳遞出來的是成長的支持與陪伴。因為孩子會透過各種如：語言、肢體、表情等表達方式，來傳遞出訊息，而我們只需要接收、觀察、連結。

孩子成長階段，我們需要面臨許多替孩子安排的選擇，選擇讀哪個幼兒園、小學、安親班、補習班、才藝班……，老實說，真的難為父母了，若沒有四面八方來的消息，我們會焦慮，深怕被蒙在鼓裡什麼都不知情。但四方湧入的消息，也會令我們焦慮，因為這些干擾評比的訊息總是尾隨其後，擾亂心緒。

光譜的絢麗來自於每一種顏色都有自己的存在，只要放在剛剛好的位置，就能綻放出最和諧的色澤。如滿漢全席般，煮菜的調味料有好多的選擇，搭配得宜就能迎來美味的味道。這一切都來自於關係的建立與連結，孩子跟誰學習才能綻放色彩？孩子的反應會告訴你，我們也許需要嘗試、觀察，當然還需要一些堅持與相信，讓事情有機會在孩子身上調和出應該有的顏色。

❤有關係才有學習，理性示範，感性同理。

❤關係是一來一往的相互作用，在孩子的反應中看見需要。

❤關係與消息間需要一種理解的默契，而不是聽說的對應。

❤適合永遠是相對的結果。

Lesson 10 曾經我們也是個孩子

> 你的以為永遠只是你的想像，我們總把自己的想法當成已發生的事實。

昏黃的燈光打在老爺爺和老奶奶的臉上，似乎把皺紋都悄悄掩蓋住了，爺爺習慣在搖椅上晃啊晃著聽電視；奶奶喜歡靠著凳子翹起腳來看電視，他們用自己喜歡的方式相處，孩子、孫子回來了，他們叨唸兩句後仍然如此地生活著，每天日復一日地重複。問他會不會無聊，他說：「人生就是這樣。」問他有什麼期盼，他說：「一生夠了！孩子有他們自己的人生，孫子有他們自己的將來。」多少個盼望轉頭空，多少個寄望化成影，爺爺說：「我想開了，曾經我不也就是個孩子嗎？」

「生命在愛中成長，生活在經驗中茁壯。」肩上擔責的煩憂，讓我們不停地為生活張羅，長輩殷殷的期盼，讓我們不斷的在生命中忙碌。可曾停下腳步想想曾經我們也是個孩子啊！擁有純真的笑容、真摯的童言、簡單的滿足和滿滿的幸福。

人生無法回頭，也許有些遺憾、期待，因此我們常常背負著父母的期待，他們想要卻無法完成的夢想，成為我們兒時學這個學那個的原因；當有天我們成為父母，是否也依循著這樣的模式？把期待與遺憾都放進了孩子的人生。

在沒有記憶的兒時裡，那段回憶的拼湊是媽媽口中的訴說，說著二歲的時候，每天我最期待的是爸爸腳踏車滑下斜坡時的剎車聲，聽到這吱吱的長音我就知道爸爸回來了，喜歡爸爸將我扛在肩上去公園散步、到天台運動。媽媽口中那時的我天天模仿著爸爸的動作，我想那時我心中的超人應該就是爸爸了。媽媽還說一歲多的我就好會說話，喜歡領著一個洋娃娃，自導自演的編造出好多情節，一下當姊姊一下演媽媽，總是讓一旁的媽媽笑得合不攏嘴。每天都有新鮮的事情等著我去發現，每天不由自主地學會了、看見了有趣的生活能力，就這樣帶著對世界的好奇，對生命的探索在快樂中尋找一種與環境的連結，孩子身上有著無窮的正能量，以及一種對未來的期待。

有多少滋養？才能向天空飛翔。有多少盼望？才能看見孩子成長。孩子成長充滿著生命的奇蹟，你知道等待一個奇蹟需要多少的盼望與努力嗎？也許奇蹟是人生中最神奇的力量，像魔法一樣帶給人生命中無數前進的可能。

你可曾記得我們如何從翻身到坐穩的歷程嗎？在隨手完成「吃飯」這個動作的同時，可曾記得當時吃滿臉只為了把飯能準確送進嘴裡的奮力嗎？當我在園所看著孩子們一次又一次的反覆練習，臉上始終掛著動人的笑容，偶爾還會回頭望向我，一種渴望認同自己的眼眸，我朝著他拍拍手點點頭給他一份回饋的讚賞。

這一刻，心中滿滿的悸動與感謝，感謝孩子教會我不要怕挫折，人生也是這樣反覆才學會好多的事情；感謝孩子教會我無論來到生命中的狀態是什麼，都應該保有樂在其中的真誠態度，因為這是我自己的選擇，選擇長大選擇去探索更多生命的精采。跟孩子們學習，因為他們身上有

著純粹的靈魂，陪孩子們成長，因為每一個歷程都充滿著意義。

孩子的生命是如此直接、不假掩飾的真誠，當我們將曾經的遺憾，投射在孩子的身上時，眼中出現的是滿滿的期待與我們渴望被填補的曾經。若孩子與父母的期待相符，那真是老天爺賞臉；若孩子的成就無法滿足我們的曾經，也許父母會說我只是希望他像別的孩子一樣多才多藝，你的想像永遠只是你的希望，我們忘了看見真實。

我想，也許我們都忘了父母如何陪伴我們經歷這一切的成長，忘了我們曾經披著棉被假裝公主的披風，忘了我們曾經拿著樹枝威武的像是揮動寶劍的國王。如今輕描淡寫的話家常，當初都是父母犧牲半夜睡眠爬起來泡奶夜夜失眠的辛苦，親情的濃密也在這樣的點滴中積累與堆積，這期盼是日與夜交織出的等待。因此，別忘了看見孩子，因為曾經我們也是個孩子。

有些孩子懂事，有些孩子稚氣，有些糊塗，有些精明，無論如何，孩子終究只是個孩子，他們需要累積生命的能量，需要滿足生活的探索。而我們失去的曾經，都過去了！別為了追不回的遺憾而惋惜；別為了曾經的榮耀而堅持。

適合指的是在了解孩子的性格與能力、興趣之下，給予協助與支持、安排，當然我們可以每一種機會都去嘗試，觀察孩子在不同學習下的反應，但需要堅定的告訴孩子，你可以嘗試許多才藝學習，但必須完成基本的週期，無法說不去就賴皮，養成孩子對學習的負責。當然也可以觀察孩子的性格後給予安排，例如：體力、活動力高的孩子，可以往運動技能去學習。

我們知道面對孩子的教養，人云亦云的跟風，太過隨波逐流，但把自己曾經的遺憾，套在孩子身上，是否又太過充滿執念呢？我們都知道許多生命中的事情錯過後要彌補都要花好大的精力，生命的歷程就這麼一次，人生無法後悔更無法從頭，只能珍惜眼下把握現在，許孩子一個不一樣的童年，讓我們一同成為孩子成長中的貴人。

心法 Tips

- ❤人生總是不斷在取捨，不求最好只求適合。
- ❤成長需要擁有被認同的歷程，由認同中發展出價值。
- ❤嘗試抽離想像中的完美，看見真實的現在。
- ❤我們在孩提時的糾結，就讓感受留在曾經。

欣賞紛爭

> 唇齒相依，不小心也有被咬傷的體驗；手足雖親近，卻也有著自己獨有的性格。

妹妹總是喜歡當姐姐的跟屁蟲，兩個相差不到兩歲的姊妹，相親相愛時像對天使；拉扯衝突時像對惡魔。不是一個哭著喊媽媽，就是另一個嘰哩呱啦找爸爸告狀，父母原以為手足可以是一輩子的陪伴，年齡差距小一同成長更加親近，想不到現在天天上演吵架又合好的戲碼。手足紛爭成了父母最頭大的問題，要教會他們相處又不能過分介入紛爭，恐會讓紛爭演變成連續劇。

父母面對手足要當公親仲裁、和事佬、裁判家、調查家等集眾多角色於一身，真的很難公允，有時還會處

於越來越糟的窘境，到最後手足反而問：「你到底比較愛誰？」

這天，四歲的妹妹又要求姐姐陪她一起去上廁所，妹妹說一個人在廁所很可怕，非要姐姐進去才行；六歲的姐姐正因為她的扮演遊戲需要一個配角，而妹妹是最佳選擇，兩人便開心一同走進廁所。廁所裡，傳來她們討論等下要怎麼玩的聲音，媽媽心想，這樣的手足回憶真的是太有趣了。哪知下一秒，就聽見妹妹的大哭和姐姐驚慌的開門聲，喊著：「妹妹屁股掉進馬桶裡了！」父母驚慌地趕緊協助妹妹清潔外，訓斥了姐姐一頓。原來，兩人聊到後面起了紛爭，憤怒的姐姐推了妹妹一下，而年幼的妹妹沒坐穩就卡進馬桶裡了。一個紛爭毀了美麗的下午，從兩姐妹的小臉蛋就能讀出各自有委屈，卻也各自不服氣。

人與人的相處，有和平就有紛爭。分合似乎是一種自然的規律，手足之間朝夕相處，老一輩的人也許會說：

「感情是吵出來的，地雷踩久就知道閃了。」然而，在解決紛爭之前，也許可以先想想紛爭能帶來些什麼？身為父母的我們有沒有機會用不同的視角來欣賞手足間的紛爭？只有在經歷紛爭之後，才懂得珍惜和平。當感受有了落差之後，實際體驗紛爭的過程，才會讓手足思考如何避免紛爭，以換取和平。

紛爭，是因彼此思想上的差異，立場不同的狀況下碰撞出來的溝通方式。紛爭的產生也代表著事情開始了對話，手足能夠在紛爭中學習如何解決問題，提出雙方都願意讓步的和諧方式，也能提升孩子的洞察力。紛爭，讓手足有機會發展出同理的概念，「因為我不是你，但我願意試著用你的角度去看事情」這對孩子內在情緒感知力的提升是一個很好鍛鍊的機會。這樣的機會教育讓手足間彼此都有更多的成長契機。紛爭，讓手足之間學會妥協與配合，有時就是需要一方退讓，過程中也許其中有委屈，但透過紛爭來學習有些事情我們也可以不要逞強，這知難而退的自省或許是另類的安身立命準則。紛爭，讓手足有機會建立同盟的信賴，在紛爭中我們會嘗試去結合與分化，

建立手足間的信賴與更深的認同，這也是社會化行為的練習。紛爭，讓手足有機會溝通，更加了解彼此的個性與想法，有時只有在紛爭的時候，為了解決衝突我們會想盡辦法溝通，會認真聆聽對方的想法。

面對手足間的紛爭，父母可以嘗試以欣賞的角度來發現孩子的能力與學習，沒有吵架經驗的孩子，也許害怕面臨吵架的場面；沒有吵架經驗的孩子，也許沒有懂得和好的能力。**所有的相處都是教養中的機會**。

無論成人或幼兒，都會喜歡有自己的專屬感，也許是空間，也許是時間。**面對降低孩子紛爭的處理，我們可以嘗試分配領土，也就是家中每個人都有自己的專屬空間及共享空間**。專屬空間不一定要整個房間這麼大，但需要明確讓彼此知道這個空間歸誰管，以及誰有權力在這空間上做布置和擺設。共享空間是家人一同休閒的區域，一般都會是客廳、餐廳。

同時，年齡相仿的手足，除了各自領土外，還需要有中立區，也就是在中立區可以一起遊玩，但退回自己的領土，就需要接受對方的邀請，如同我們進別人的房間需要敲門一樣，是一種尊重也保持關係的學習。所以遊戲區的環境劃分，對於手足間的紛爭扮演無聲仲裁者的角色，能協助父母分擔一些解決紛爭的工作。

手足間的相親相愛不是教出來的，而是由相處中長出來的信任與相信，只有透過更深的相處，才能淬鍊出情感的相依。父母不過分介入紛爭，才有機會讓手足看見紛爭所帶來的傷害和禮物。

懂得吵架也是一門藝術，吵架也是說話的一種表達方式，只是它加了更多的情緒與難以冷靜的思緒在裡頭，但動機皆源自於需要溝通、需要被理解。一個巴掌拍不響，要創造紛爭還需要有人願意配合。**手足間能否安然度過紛爭進而成長，身為父母需要放寬心適時提點**，緩緩欣賞後再處理紛爭。

- 年齡相仿的手足除了需要專屬領土外，還需要中立區。
- 紛爭也是創造成長的一種方式，掌握每次紛爭的機會教育。
- 面對手足紛爭，先欣賞後處理。
- 懂得吵架也要勇敢和好。

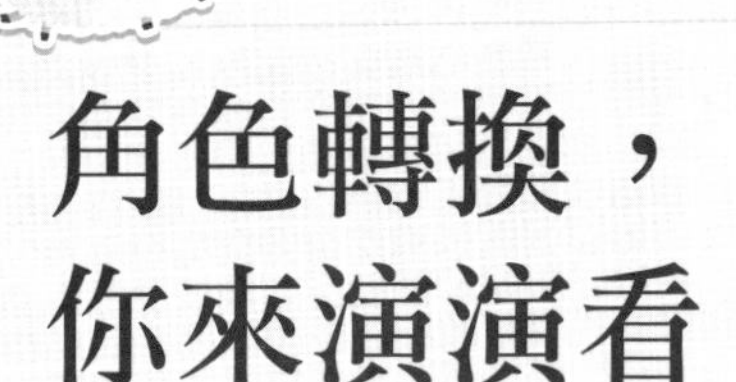

Lesson 12

角色轉換，你來演演看

"線偶的舉手投足都需要聽命於操偶師，它可以沒有思想的生活，我們可以嗎？"

歐洲城市的街頭總帶著一些文藝與浪漫的氣息，許多街頭賣藝的藝人在街角一站便開始他們的專長與把戲，駐足的人群會欣賞著他們的表演並打賞，這一切在歐洲的街道上是那麼樣的自然又不違和的協調。

一個老人帶著一個皮箱，皮箱中那三隻線偶，是他的夥伴，也是他溫飽的來源，布滿皺紋的雙手卻能靈巧的操弄著線偶，線偶的情緒、動作、感受都是老人給的，隨著老人的歌聲與故事，逗弄著圍觀欣賞的人們。而身為操偶師的老人，此刻卻沒有起伏的心情，因為日

復一日的操弄線偶，所有的一切彷彿是反射動作一般自然而然。

線偶沒有自己思想，因為它的一切都來自於頂上的那些線。臉上的笑容是因為線的拉扯，身體無奈的失落也是來自於線的放鬆。若一個人不能有自己的感受與想法，活著的一切都受到隱形線的控制，那還是自己嗎？或者要如何成為自己呢？

父母是天生的操偶師，從孩子出生的那一刻起，照顧並安排著他們的成長，可以吃什麼、不可以玩什麼，要怎麼學習、不能跟誰交朋友，這一切都來自於愛與在乎，那是血融於水的深情。直到有天，孩子開始意識到自己與父母都是個體，這一切的寧靜似乎也被打破了。

小的時候，父母總說孩子還小不懂事，怕孩子奔跑受傷或有任何閃失，甚至出門都要有個背包鍊，一端綁在孩子的腰間、一端繫在父母的手挽上，抽一抽鏈子，孩子就知道不能再往前，只能在範圍內遊玩。如果角色交換，你會希望身上有這麼多有形與無形的枷鎖嗎？

成長需要無數經驗與體驗來堆疊，不是聽聽故事就能感同身受並且累積內心的領悟，有時領悟是靠著無數相同的錯誤，一犯再犯、一試再試，最後理解出不同層次的情感。如同看電影一樣，同一部片不同的時間看總有不同的體會。

台灣早期農村的休閒就是廟前大樹下與節慶時的布袋戲棚，熱鬧的廟會總是村莊聚集最多人的地方，大人小孩都愛這樣的歡樂，大人得以忙裡偷閒，小孩總能擁有探索、玩樂、犯錯也能少點挨揍的小確幸。戲台前總能聽到此起彼落的責罵聲，大人會說：「叫你不行，你是聽嘸嗎？」、「反正就是不可以！」只是在那個年代，頑皮的孩子都會把「不可以」當成耳邊風，忙碌的大人喊著不可以，卻也只能睜一隻眼閉一隻眼，而日子也就在忙碌中度過了。

孩子有時在「不可以」中得到冒險的勇氣，也許是骨子裡叛逆、挑戰的根性騷動。從小小孩中就能發現他們喜歡在挑戰著「不可以」，想感受我「可以」的快感。**每一個年齡層都有著他們渴望的「可以」，渴望感受我就是我**

的存在。

父母的牽掛與呵護，初心都是愛。想牽著你走好、走穩，期盼下雨了，可以即時為孩子撐傘；對於現實的生活，知道入山有虎，因此千方百計阻止孩子誤入山林。這一切都是父母那無微不至的關懷，不過，有時只因為我們與子女那隱形的牽絆有時拉扯的過緊，讓自己與子女都無法好好呼吸。

「什麼都不行，那我還是我嗎？」這句話來自於青春期孩子生氣時的怒吼，他們渴望用自己的判斷在生活中感受，也許遍體鱗傷，也許後悔萬分，卻仍想親自走一遭。孩子每一個階段的成長，都會有一段與父母的挑戰與衝突，我們需要準備好堅強的心臟與無比的耐心，陪著孩子抹去菱角。

第一，幼兒青春期會是在孩子 2 歲半到 4 歲間，那時最愛說「不要」，此時的不要也許不是真的「不要」，只是孩子發現當他們說不要時，父母的表情會改變，會皺眉頭睜大雙眼，模樣逗趣讓孩子發笑。而在成長的過程中，孩子悄悄地發現原來自己跟父母是獨立的存在。

第二，兒童前叛逆期，躲藏在孩子9歲的那一年，記得台語童謠「一年仔悾悾，二年的孫悟空，三年的吐劍光，四年的愛膨風，五年的上帝公，六年閻羅王」三年級孩子那滿口吐出來的話像利劍般，「敢說話，敢批評」開始會說：「某某也沒有做到啊！」那語句中透露出別以為我還小，我都知道大人也是會犯錯的。

第三，少年青春期，也就是我們最熟知的叛逆期。這時唱反調是他們對生命的吶喊，父母越想抓牢，孩子越像泥鰍般溜走。對與錯的討論在這階段彷彿是多餘的，父母所擔任的操偶師角色，在這一刻也面臨著考驗，如果「放手」不是我們面對青春期孩子能夠做到的選項，那麼可否嘗試剪斷線偶上的某幾條線或把線放得更長，長到線偶以為自己自由了？

每一個階段好好走過，便是生命最好的祝福，永遠記**得當下比未來更重要**。我們也是在跌跌撞撞中長大的，有歡笑的記憶，也有痛苦的折磨。**我們無法避免生命中所有的磨難，但我們能嘗試給予孩子堅強健康的心理和處理事情的技巧**。看顧孩子身心靈成長，父母也是需要做好準備

的，畢竟這是一輩子都不可以任意提出辭職的工作角色，既然接下任務，就好好闖關吧！

心法 Tips

❤收收放放如風箏，就算飛得再高，最終還是會在自己手上。

❤把擔心放心裡，相信放出來。你會帶給孩子成長的勇氣。

❤生命只有真實經歷，才能真正長大。

❤每一個年齡層都有著他們渴望的「可以」，渴望感受我就是我的存在。

Lesson 13

養出來的焦慮感

> 看到毛蟲先尖叫，是毛蟲向你衝來了嗎？原來這舉動只是看著看著就學會的能力。

「不是我不懂你們關注孩子發展上的用心，但我認為你們應該先關注我們身為父母的焦慮，再去看孩子的發展。」一位陪著孩子參與幼兒小肌肉實驗研究的媽媽說。傍晚時分，為了收集孩子們的掌心與小肌肉握持的數據，我邀請了幾組親子一同來進行實驗研究，一邊引導幼兒自發性的取用眼前的幾組水杯設計，一邊說明著設計理念希望與家長達到更貼合的溝通。

教室裡，孩子們或挑或撿的把玩手上的杯子，身旁的父母除了關照著自己的娃兒外，又要一邊跟其他的爸媽們閒聊育兒點滴。「我孩子才出生幾年，我們夫妻就

花了近兩百萬在他身上」一位高挑的母親說。「我真覺得解決父母的焦慮才是產品重點，我們可能還沒看到孩子發展，自己就被焦慮淹沒了。」須臾，這位母親一邊擦著孩子的手一邊急促地又說。「如果你們能研究出如何讓幼兒兩歲就能學會3歲才會的事情，全部家長肯定都願意買單。」語不驚人，死不休的闆娘媽媽說道。「我想這設計確實對於孩子的發展有幫助，但解決不了媽媽們的焦慮感啊！你知道現在要能讓父母下手購買的產品，哪個不是以家長的感受出發……。」闆娘媽媽邊說還邊要孩子趕緊試試下一款設計。「你看現在連幼兒餐具都會自動加上吸盤，減少媽媽們在清理的困擾，像這樣的東西我們才會快手下單，畢竟照顧孩子已經耗費我們太多心神了。」一個雙寶媽媽也搭腔說道。

這一連環的討論後終於有了個能讓我插話的機會，我知道若正面與父母溝通「焦慮感」的問題，我將會再度被淹沒在悠悠眾口之中，身為母親我能體會在這時代下默默帶給親職的責任焦慮，甚至從備孕開始，就需要承受著輿論與周遭的一切關懷，當關懷越多，那種隨之而來的包袱感也就越重。

彷彿上一代的娘親比較好擔當，實則不然，代代都有著屬於這個時代的凹折處。也許是環境讓我們不得不套上這麼龐大的憂心，只是「焦慮感」對於孩子的發展又會如何呢？因此，我問在場的家長說：「你們家孩子看到蟑螂、昆蟲會尖叫的舉個手讓我知道。」家長們一連狐疑地望向我，他們一定心想著：「這與水杯的設計實驗有什麼關係？」但還是有幾個家長舉起了手。接著，我說：「你們自己看到蟑螂、昆蟲也會尖叫的繼續舉著手。」果真沒有一個家長把手放下，為了緩解現場氣氛，我還模仿了尖叫的動作，看著家長們舒緩且嘴角上揚的的表情，我知道大家已經準備好聽我說話了。我說：「孩子對許多事情最初的感受往往來自於父母，有些時候不用刻意教導都學會了，或許還學得特別像。」

「焦慮感」也是這樣自然而然地讓孩子接收且學會的，**我們的行為孩子看在眼裡、感受在心底，漸漸的會養**

出這裡也怕、那裡也不敢的性格，因為孩子不知道怎麼做才能滿足成人的期待，避免踩到焦慮的地雷。

其實當孩子順著成熟而順利發展出種種的能力，在每一個發展的環節都能盡可能的看顧了，剩下的就需要留給孩子一點自我成就與創造的機會了。焦慮確實是現代父母身上通常的痛點，但千萬小心別讓孩子們發現了你的焦慮，甚至學會了面對焦慮的負向情緒，有時回馬槍的無奈會打得你措手不及、有苦難言。

你說，孩子的發展需要配合著成熟的腳步，難道無法搶先一步嗎？我的答案是瓜熟蒂落，自然之下必有其生長的條件。老實說，現代許多孩子們因為營養好、照顧好，許多發展的能力都提前不少，但是總還是會有成熟的發展區間，我們期待孩子贏在起跑點上，那也需要在身心發展都完備的情況下起跑吧！若孩子的發展趕不上父母的焦慮，那孩子們每天不就面對著父母無盡的憂愁面孔與焦躁的情緒語言嗎？

先看懂幼兒發展上需些什麼支持，在考慮我們的焦慮應該何時再拿出來使用，正確的焦慮危機感確實能幫助我們注意到孩子發展上的來不及或遺漏，只是大砲還須用在正確的時間點，才能產生好的轉換率來成就孩子的未來。

這讓我想到小時候在外公家的果園裡，外公拿著新鮮剛摘下來的鳳梨請我吃，看著沉甸甸的鳳梨唾腺不爭氣的分泌，口水直流，但吃了一口，酸到嘴邊肉都瑟縮了一下，我問外公為何這麼酸啊？是還沒成熟嗎？外公說，確實還能再放個兩週後最好吃，小時候的我心想，那幹嘛這麼早採摘下來啊？這麼酸賣出去誰會買來吃啊？後來漸漸長大才知道，水果還有一個中繼站農產運銷中心，所以先摘下來，等送到消費者手上時剛剛好成熟，最甜最好吃。而父母的焦慮猶如我那不爭氣的唾液腺一般，眼巴巴的望著孩子的發展，有時還咬上一口才發現酸到自己都無法承受，才問問自己是不是應該再等些時間，等待孩子發展。

每個孩子的發展有快有慢，懂得以父母焦慮感為出發點的產品容易擄獲父母的荷包，再多一些包裝就更能說服父母：「這是給孩子與我們彼此最好選擇」。殊不知，每一個孩子的發展離不開成熟魔咒，需要在自然加持與安排下，先有發展後有開創。當發展都到位了，起跑線一鳴

槍，相信孩子們一定能盡情在場上奔跑，揮灑出屬於自己的光彩，陽光下父母的笑顏會是最美麗的全家福。

心法 Tips

- 孩子的發展永遠趕不上我們成人的焦慮，請先深呼吸後再等一下。
- 揠苗助長我們都懂，千萬要擺脫這框架魔咒。
- 焦慮感會成為親職關係中的暗黑大帝，別讓自己跟孩子走進黑暗裡。
- 擔心放心底，相信擺出來。

Lesson 14

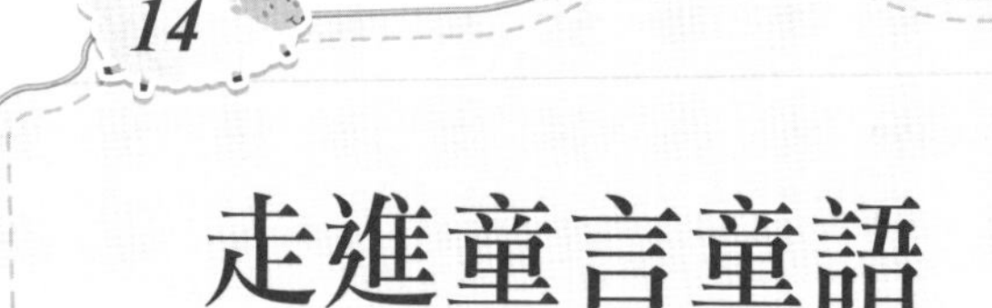

走進童言童語

「小魚躲在大魚的帽子裡」，原來是我們成人想得太現實了，大魚不是應該吃掉小魚嗎？

週六早晨常常是小兒科或耳鼻喉科人滿為患的熱門時間，爸媽們趁著假期不用特別請假的早晨趕緊帶孩子看病，同時也擔心著週日許多診所都休息，若臨時有什麼狀況，就只能往急診送了。而我們都需要陪著孩子與無形環境中的細菌病毒搏鬥，以增強免疫系統的作戰經驗值。這天，一聲推門的叮咚聲伴隨著診所慣有的西藥與消毒水味道迎面而來，誰叫兒子鼻水總是像沒關緊的水龍頭一樣滴滴答答，只好帶著孩子上診所，所幸貼心的小兒科診所裡有一個專為幼兒規劃的遊戲區塊，附含積木、繪本與玩具，能讓

孩子暫時忘卻看醫生要吃藥打針的恐懼。

2歲多的兒子不熟練的拖掉了球鞋，走上木地板，拿了一本繪本逕自坐了下來，原以為他應該會拿著繪本要我念給他聽，沒想到，他就這樣坐在一個小哥哥的身邊，還自顧自地跟對方聊天說：「我們來看繪本吧！」那小哥哥回說：「你又看不懂字！」我心想也是，若他這年紀就看懂字，身為娘親的我要拿啥來展現當媽媽的用處呢？但又好奇兒子打算怎麼做，因此，便沒出聲參與，只是默默地走到一旁準備欣賞這有趣的畫面。

只見兒子翻開第一頁書名頁，然後叨叨絮絮地說：「一隻小金魚」然後就翻到下一頁，又接著說：「魚跑走了，跳起來……。」身旁的小哥哥竟然也認真地聽著他說故事，那一刻我笑了，這孩子用他的方式在看圖說故事，而且還挺自得其樂的！從那一刻起，我感受到了童言童語的魅力。那是一種跳脫又沒有框架的自由，誰說小金魚一定要躲起來呢？牠可能只是想去做點有趣的事情，如同孩子世界中的寬廣無邊。

我喜歡繪本，那是屬於我和孩子一同的時光記憶，他總是被繽紛的圖畫吸引，而我總是被眼前文字抓住視線，掃過文字後目光才會跟著圖畫遊走。成人總是想快速的掌握書中的情節，而孩子總能夠享受這圖畫所給予他們想像與編織的一切可能。曾經，我試圖先看圖再看文字，但我發現內心總有個拉力不由得還是往文字上面駐足。陪伴幼兒成長的時光中，繪本真的是我們之間重要的橋梁，許多經典繪本都是書架上的寵兒，常常能在繪本中尋找到正向的力量與童趣的角度，透過與孩子的對話，有時真覺得是孩子啟發了我們，他們那種理所當然的表情，會讓你覺得世界本來該有其他選擇。

有次，我過了吃飯時間才回家，一進家門就聽到媽媽說：「你兒子說：『阿嬤煮的飯像陽光溫暖我的胃，感覺沒有翅膀也能飛！』」天啊！這樣一句大迷湯灌得母親神魂顛倒，直說終於有人欣賞她的廚藝了。童言童語，是孩子獨特的觀點，也許欠缺思慮但卻也真實可愛。郝廣才是我很喜歡的繪本作家之一，這句話便出自於他的創作《一片披薩一塊錢》，他擅長用優美如詩的文字，呈現出繪本

的故事，總是讓人讀出押韻與節奏，感覺文字如飛舞的精靈般在圖畫書上跳躍。只是我怎麼也想不到孩子竟然就這麼簡單地把這句話給用上了，而且還甜甜的像抹了糖漿，傳遞了溫度。

許多人說 2 歲是幼兒語言的爆發期，也就是說這階段的幼兒開始會使用更多的詞彙來表達自己與環境間的感受。但要能達到爆發，也需要前期的醞釀與準備，需要我們常常與他對話，無論孩子是否能夠正確的回應你，或者只是眼神交流，我們都需要嘗試增加我們之間語言交流的寬廣度。若僅僅只是狗狗、貓貓等，你會發現童言童語所能夠表達的素材有限，因而錯過了許多歡笑的畫面與情境。

當然，語言表達天分各異，如同身體動作能力在每一個孩子身上也會有不一樣的姿態與展現，我們能夠的是給予相對應的刺激與等待即可。孩子的表達總是在滾動式的修正中達到他們對語言的理解與運用。嘗試用孩子的視角看世界，你會發現其實事情好像沒這麼難，別急著教導孩子認識現實，只有當你願意同理他們時，他們才願意從童話中走出來接受環境的洗禮與淬鍊。你願意用多少的童真與孩子對話呢？或許繪本能幫助你走進孩子的世界中。

黑黑的封面一隻慌忙的小魚奮力向前游，緊接著打開內容，一隻沉睡中的大魚和頭上那顯眼的小帽子……，這是一本充滿想像張力的繪本，很喜歡《這不是我的帽子》中帶著一點明知不可為而為之的幽默文字，當小魚遇上螃蟹，便拜託牠千萬不能告訴別人小魚往哪裡去，而螃蟹受人之託卻那麼不經意的對別人說：「我想我沒有告訴你，小魚是往又大又深又高的水草游去。」孩子們會循著圖畫的內容與情節開始替小魚緊張，也許他根本沒有發現螃蟹不小心說溜嘴，也許他覺得小魚太頑皮了到底能躲去哪？你總能從孩子口中聽到一百種不一樣的答案，包羅著天馬行空的一切可能與不可能，實在有趣。

許多不經意的經典都會從孩子口中的童言童語蹦出來，你可曾試著與幼兒討論繪本中，他們感受或看見了些什麼呢？像聊天一般分享著彼此的感受，別老用教條式的傳達，希冀孩子應該理解繪本所蘊含的意義，**有時候真正的意義是我們擁有這片刻的當下，一同為一件事累積著回憶的能量。**

還記得，我在讀這本書給孩子聽時，曾經也預設立場的想過，是不是能給他一些有意義的三觀引導，甚至曾想著也許輕輕的碰觸「死」或「不見了」的生命概念，自顧自地在腦中盤旋著。共讀完繪本後，我輕輕地問：「咦！小魚怎麼不見了呢？」這問題若問大人，肯定正經八百的說被大魚吃掉了，兒子竟然狐疑的看了我一下，一副「你不知道嗎」的表情，我趕緊假裝翻開最後一頁東找西找地說：「我沒有找到小魚阿！」兒子說：「小魚躲在大魚的帽子裡，所以你看不見阿！」那一刻，我心中超多小劇場的情緒，心想著你有透視眼嗎？還能看到小魚躲在帽子裡？又驚訝孩子的想法真是有創意，更是讓我突然把話卡在了喉嚨，無法告訴孩子小魚有可能被大魚吃掉了的現實。他那理所當然又淡定的眼神，讓我知道生死概念在孩子的世界裡也許需要用另一種方式來看見。

童言童語值得我們為他們寫下經典語句的紀錄，用一種生活隨筆的心態記錄下孩子們看見的世界，也許沒有那麼多現實的理解，但卻有會心一笑的溫度。

❤正經八百的用「語」教，抵不過一次詼諧的身教。

❤你的答案可能只有一個，但孩子卻有一百種答案的可能。

❤我們吃了太多鹽，但他們才開始要踏出一步路，記得提醒他們要踩穩！

❤記錄童言童語的經典篇章，是我們的共同回憶。

答案，很重要嗎？

> 天上的雲是雲，還是棉花糖？下雨到底是老天的眼淚，還是上面有人正在澆花呢？

瑞吉歐創始人馬拉古齊曾說：「孩子有一百種語言，卻被成熟的大人偷走了九十九種……」你是偷走孩子那九十九種可能的大人嗎？你會告訴孩子別用手想、別用頭做、只要聽、不要說，生活總該一陳不變、平淡無奇嗎？如果工作中不能玩耍，那麼電競玩家就不會出現了；如果現實與幻想無法並存，那麼虛擬的貨幣就無法流通了；如果科學和想像是兩條時空的平行線，那麼先進科技 AI 機器人便無法與時代同行了。如果答案只能有一個，那我們會把其他九十九種可能塞到哪兒呢？

「媽媽，為何牛頓會被蘋果打到頭呢？」小男孩看著科學圖畫書，好奇的問，試想此刻你的心中浮上了什麼答案呢？還是覺得這樣的問題既沒營養又沒有知識價值嗎？「好有趣的問題阿！等我們也去蘋果樹下坐坐，也許會想出答案來喔！」媽媽拐著彎的想替自己先找個台階走下來，沒想到天真的男孩繼續問：「萬有引力是大磁鐵嗎？」這問題更有學問了，媽媽說：「我知道引力就像媽媽跟你之間有無形吸住的力量，但萬有引力我也好像不懂也，你能教我嗎？」「媽媽，我們吸住的力量是愛啦！我們去找蘋果樹，好嗎？」男孩開心地邀請媽媽跟他一起去找答案。

也許那些我們理所當然的常識或知識，你會希望孩子能少走冤枉路，面對這個已知的世界，用最容易的方式到達。答案，應該就是一種俗成的規矩或者是多數人的以為。有時答案只是一種習慣的代言人，我們的生命經驗幫助了我們堆疊出「看見」的世界樣貌，卻不全然能夠幫助

孩子複製父母的觀念與生命感受。因此，**他們看見的世界與我們不同，而「答案」也理所當然地可以不一樣**。

人類之所以文明能進步，在某些程度上可以說是對於答案不停的挑戰與推翻的過程，如果每一件事情都應該如此理所當然地有固定公式，那麼我們也許都還穿著樹葉當衣服過生活，也許「地球是圓的」這樣的答案也不會出現在科普當中。

角色，有時已經決定了人生的某些付出與獲得的相對關係位置，尤其在東方「君臣父子、倫理為上」的道德觀中，父慈子孝、兄友弟恭是優良的文化美德，但有時也成為尊上位的決定或答案，就是不容質疑的肯定句。親子之間所產生的一切答案有時只為了證明我是父母，所以在保護與疼愛的立場下，答案必然出自關心與希望能減少錯誤摸索的黑暗期，然而，答案在親子之間真的重要嗎？或者是我們與孩子一同參與並且獲得當下感動的過程更值得珍藏？孩子問：「爸爸我可以玩水嗎？」爸爸說：「不行！會弄溼衣服」孩子緊接問：「我把衣服捲起來，那能玩水嗎？」爸爸說：「不行！現在天冷，玩水會感冒。」鍥而不捨的孩子又問：「那我能放熱水，捲起袖子再玩水嗎？」此時，滑著手機看著螢幕的爸爸，也許滿腦子想著都跟你說不行了，哪有這麼多「可是」和理由啊！也許會帶著微微的情緒說：「你媽媽交代不能玩水，你每次都玩到整身溼。」看著孩子悻悻然地低下了頭，走出廁所，他心中是真的接受了你的答案嗎？

可曾想過，孩子正用他能夠做到的方式，提出可行的方法來討論，爭取他想要做的事情。這是件多麼有想法與願意展現自己的歷程，我們身為父母是否能夠樂在其中的與其周旋，或者說是把這樣的日常問答看作是親子間的鬥智遊戲，磨練自己的口才也增加親子間的情趣。也許最後爸爸會說：「不然你幫爸爸想想五個應該讓你玩水的理由？也許我覺得有道理，爸爸還能陪你一起喔！」相信孩子們一定開心的啟動小腦袋，絞盡腦汁來說服你。在這過程中，我們不僅能夠探察孩子們對於哪些生活經驗是理解的，以及哪些情境是充滿想像的創意，引導不就是這麼一回事嗎？

或許有些父母會說如果沒有基本的答案規範，那這世

界還有規矩嗎？道理總是不講不明，生活沒有基本標準，那人與人拿什麼來做為磨合呢？我很喜歡蒙特梭利曾說過的一段話：「**我聽見，但隨後就忘記了；我看見，也就記得了；我做了，所以理解了。**」只是聽見的答案，是真心誠意地接受嗎？小時候常被大人叨唸老是把教訓當成耳邊風，聽過就算事過境遷，老是重蹈覆轍，這是為何呢？因為，**那是屬於你的答案，而非我人生的肯定句**。規範與規矩也是需要經歷才能轉換成覺知，在同樣一個環境的我們，很容易因為共同的經歷而產生相同的答案，這樣的答案會變成我們彼此認定的教條或原則，因為我們都是走過來的「過來人」。

因此，我們應該要有「歷程比答案、結果更值得我們深究」的共識，我們到底應該讓孩子擁有什麼樣的歷程，使得他們有機會長出心中的答案呢？應該是一問一答的基本模式嗎？還是，多問少答呢？小時候聽〈姜太公釣魚，願者上鉤〉的故事，總覺得這人太古怪，哪有不放餌等魚自己上鉤，還能安然處之，現在長大成為父母後，終於慢慢懂了，身為父母有時也須要具備姜太公的情懷，請君入甕、願者上鉤。

既然要等他們長出心中的答案，那就不能急著告訴他們事情的結果，別急著回應孩子日常中瑣碎的小問題，千萬別小看他們也有解決問題的本能。嘗試與他們周旋在問題裡，讓他們有機會發現最適合的答案，並且鼓勵他們試著提出答案以留下經驗值。若孩子問：「水很冰嗎？」你該回答「很冰」嗎？還是試試一看反問他們，水有可能變熱嗎？

鑑往知來，古今中外，許多偉大的留名科學家，哪個童年不是從找答案與懷疑答案開始的？當然，不同孩子有著不同的氣質個性，未必每個小腦袋都有著挑戰答案的雄心壯志，但每個孩子對於答案的取得與對生活探究的刺激，需要我們父母給予一顆更寬廣的心態與準備與之周旋的勇氣。有時，**也許是我們無法接受既定的價值觀被時代打破，心中本來的權威被動搖了，而非無法接受問題與答案本身的關係**。純粹只是我們還需要再次學習與接受，需要把經驗重新、更新、再次經歷罷了。

心法 Tips

- 姜太公釣魚，願者上鉤。給他線索找答案。
- 你所擁有的答案來自於你的經歷，而非孩子本身的經歷。
- 想要擁有共同的答案，就要開啟共同經歷的機會。
- 解決問題是生命的本能行為，別讓孩子的大腦用進廢退了。

我不會是因為你會了

太陽跟北風的寓言裡，旅人會穿緊大衣是因為感受到了北風呼呼的凜冽，會脫掉大衣也是因為感受到陽光的炙熱。

帶著小娃與姊妹淘聚會是開心也是焦慮，總是想聽到聲聲讚美，滿足一下做媽的這個角色。期待無論是「娃兒可愛」或「跟媽媽長得好像」，都能成為今天聚會上的某個話題，但也心慌這娃兒吃飯不上心，惹得我自己不能好好吃飯聊天，還需要分神來照顧他。

想想平時在家，奶奶或爺爺總是邊看電視邊餵飯，再不然就是餵一口跑一路，吃完一碗飯大概操場也快走一圈了。這是他們爺孫之間消磨時間的樂趣，溝通了幾次要讓娃兒自己上桌坐好吃飯，明明許多育兒專家都說

從小要養成良好的飲食習慣，才有機會變成優雅媽媽，只是身為職業婦女很多事情也只能睜一隻眼閉一隻眼。有人願意疼愛照顧你的孩子，就應該偷笑了，不然整天自己在家跟娃兒大眼瞪小眼，還失去了每日至少9小時的放風偽少婦時間，內心實在太掙扎。

出門前還千叮嚀萬囑咐說：「等等吃飯要自己吃，媽媽才給你點可愛的兒童餐。」真不知是我表達不清楚還是孩子的答應都只是說說而已，餐點上桌，娃兒眼睛仍直盯著手機影片，為了學著優雅還輕聲提醒：「我們先吃飯再看卡通，記得你有答應媽媽喔！」結果，娃兒轉頭望著我說：「我想要媽媽餵，跟家裡奶奶餵我吃飯一樣。」那一刻，心中怒氣瞬間暴漲，卻又不想在姊妹淘面前形象大失，好言相勸說：「那媽媽餵一口，其他你要自己吃喔！」沒想到整場聚會自己無法放心聊天吃飯，又要像一個忍住火氣的氣炸鍋一般餵飽身旁的娃兒。

這樣的情景，在許多餐廳應該時常可見，娃兒桌前不是平板就是手機，吃飯則是側著臉讓父母把食物餵進嘴巴裡，遇到不喜歡吃的食物還會皺眉弄眼要求可不可以吐出來，口味還可以的就放在嘴裡，咬著咬著就忘了吞或者是囫圇吞棗的一口吞下肚，直到父母再次送食物在嘴邊。

先不論食物是否美味，或孩子是否真能感受到食物帶給身體的美好，對於許多基本能力的發展練習機會，都在無形中被剝奪了。生命總會選擇讓自己最舒服的方式，但是我們身體的許多能力卻會因為這樣的舒服而退化或者延遲了發展的可能。**他不會是因為你都會了**，當身邊有了萬能的超人父母，請問孩子還需要學會哪些事情呢？有鞋帶的鞋子容易絆倒，因此都只穿有魔鬼氈的球鞋；上廁所褲子不好拉起來，所以都穿洋裝出門；吃飯因為協調感不夠會翻倒，那就把碗直接加上吸盤黏在桌上，屹立不搖。孩子的學習機會，是父母給的，或許越脫線、神經越大條的父母，反而給了孩子能夠自我練習成長的機會。

你為他想的，真的是他成長需要的養分嗎？有一次在世界地理頻道中，看到一對海鷗父母訓練幼子生存的影片，那種海鷗總是會飛到非常高的尖頂巨石上生蛋孵化，

原因是這樣才有機會減少被攻擊的可能，提高幼子的存活機會；然而這只是生存的第一關，因為在這麼高的尖頂上，尋覓食物是非常困難的一件事，因此當幼子孵化出來一週後，海鷗父母就要忍心將牠們推下尖頂嘗試飛翔，飛到山腳下才有覓食的機會，生命在這一刻，便需要自己想辦法生存。這樣的過程往往都會有損傷，但自然法則如此，為了繁衍後代又為了躲避攻擊，小海鷗們需要鼓起勇氣往下順著氣流飛行。影片中墜落山崖的海鷗幼子，撞到山壁又翻滾好幾圈，看了都讓人心疼，海鷗父母那期盼的眼神發出聲音呼喚著幼子，卻也無法代替牠飛翔。而身為萬物之靈的我們呢？

孩子需要透過反覆的練習，來精熟身體動作與姿勢控制、協調的能力，甚至連更高段的心理層次，無論是分享、同理等都需要建立在實際的生活之中。他會了！我們才能輕鬆點。**兒童的進步不是取決於年齡，而是在於是否能夠自由地探索周圍的一切**。我們身為父母需要的是協助孩子擁有獨立於社會的能力，我們的陪伴會隨著時間的沙漏慢慢倒數，終有一天孩子要為自己的行為負責。

我們需要將面對生存的基本能力，成功順利的交棒給孩子，傳承也是一種幸福。別因為他們年紀小就嫌棄他們動作慢不靈光，想想我們曾經也是如此；別因為他們遇事哭鬧想放棄、鬧情緒，為了省事就直接把它們應該學習的任務都給完成了，但這樣他們只學會了哭鬧的本領，以及用負向的情緒來開啟親子之間的關係。做多了，有時換來的成效不如做少了的好；做少了，有時意外獲得的成長遠比做多了的巧。因為愛，所以願意多付出一些，以換取期盼；或許換個思維，因為愛，所以多獲得一些當下的回饋，勝過於未來滿滿的期待。

- 做越少反而養得越好，是因為你把學習的機會讓給了孩子。
- 順手做，一不小心就做多了。面對孩子還是不順手的好。
- 小時候願意「做」是因為有趣，長大願意「做」是因為習慣。
- 享受動嘴下指令的優越，欣賞做事中的瑕疵。

Lesson 17

家庭裡的主夫（婦）大哉問

平等，逐漸在性別的枷鎖中掙脫，誰主內誰主外到底誰能說得算，有時凹凸之間配好就好。

傍晚放學接送時間，每個孩子都眼巴巴的看著窗外聽著廣播，隨時準備好揹著書包回家去，這一刻是孩子上學最想念爸媽的時間了。陪著孩子等待的老師最常和孩子閒聊的話題通常是，今天誰來接你啊？接著，就會是孩子此起彼落的接龍式回答，是爸爸，是媽媽，是奶奶……，較早回家的孩子臉上總是笑容滿溢，開心跟老師揮手說再見。隨著時間越來越晚，直到太陽都下到山的另一頭，等待父母的孩子臉上總是會閃過一絲的憂慮或不安，小小的臉龐又不爭氣地落下淚珠，學著跟自己打氣說：「再等等，爸爸媽媽馬上就來了。」

此時，行政辦公室會接到的電話，通常都會是哪位父母路上延遲或需要延托。不久後，就會看到急忙奔跑著入園的爸爸或媽媽一邊說著不好意思，一邊牽著孩子說：「媽媽來了」，孩子總是在父母的羽翼下特別心安，表情都緩和了。

記得曾經有個爸爸來接孩子時，因為是在一群媽媽中，所以特別顯眼，突然聽見旁邊的小女孩說：「媽媽，為何小胖的爸爸都不用上班，小胖說他爸爸每天在家煮飯，還會陪他下圍棋，為何我的爸爸要上班呢？」小胖的爸爸天天準時來接他，若還有些時間還會陪著孩子們玩起躲貓貓，傍晚的校園裡一群孩子的笑聲特別熱鬧。此時，細微的討論聲落到耳裡，這裡一句聽說，那邊一句應該，講得自己好像住他們家隔壁，聽得我都覺得好笑了。突然有個跳出八卦思維的媽媽說：「這年頭很正常啊！我弟弟也是家庭主夫，老婆在銀行工作，他自己做網路工作，時間彈性，家裡的事情都他做得多。但我覺得挺好、挺羨慕……。」終於有人願意說出點心裡話，傳統的夫妻相處，媽媽總是希望有人分擔家務，爸爸總希望有人分擔經濟重擔。

南極皇帝企鵝媽媽們負責到冰冷的海中覓食，爸爸們負責圍住稚鳥等待食物的歸來，在動物界有許多女外男內的分工模式。其實無論男主外或女主外，重點是能夠和諧家庭，共同在親職工作上做好補位和搭配就好，否則你看一個急忙接送孩子的職業父母，會有著更大的交通安全隱憂。當兩個獨立的個體共同需要為新的生命負擔起責任時，到底需讓出多少空間，才能再塞得下一個孩子的位置呢？

過往，許多媽媽到了年紀，會遺憾年輕時沒有融入社會開創自己的事業，終身奉獻給了家庭與子女，到頭來子女離巢、老伴相敬如冰，似乎人生一場空。也有許多爸爸獨自扛起經濟重擔、奔波忙碌，忘了留時間陪伴家人，雖表面上盡了當父親的責任，但實則未曾好好參與過家庭，到了退休的那一天才發現這個家感覺好陌生，他不知道應該從何處開始，彷彿他除了家庭的經濟提款機功能外，再

也拿不出更多的家庭價值。

當事業、家庭、自我三方在同一個時間呈現彼此拉扯的狀態，似乎有太多的無奈與掙扎會逼著我們選擇與接受。職場中的新女性為了孩子可能會影響職涯與升遷；走進家中的新男性可能會被鄰居親友帶上有色眼光評議，然而每個人一天都只有 24 小時，怎麼安排才能取得家庭與事業的圓滿，確實是個大哉問。

我們可能會羨慕動物界，仍依存過往的習慣在撫育下一代及維持關係上，而我們身為聰明的靈長類隨著時代變遷，到底應該如何共同經營家庭，才有辦法讓婚姻關係走得又長又甜蜜些呢？孩子的面前，現代的父母需要妥協哪些事情？到底這份妥協與成全是為了孩子還是自己？你真的喜歡並接受當父母的角色嗎？在討論親職分工之前，我們或許該捫心自問，關於父母的角色我們到底抱著什麼樣的心情開始的呢？雖說想法總會隨著事情的變化而改變做法，但初心卻常是我們有機會在省思之後回到原點的力量。相信孩子的到來一定會為生活造成改變，但也相信親職角色的分工，能夠協調許多枝微末節的問題，家庭難論對與錯，有時三分糊塗七分認真，或許真的因為孩子委屈了些什麼，但反面想來，是否也因為孩子獲得了一些非意料中的喜悅。

對於處理孩子成長中的事情，若能有家人集思廣益、群力協調固然很好，但若只能挪挪補補的相互支援完成，也是美事一樁，這說明對於親職工作我們都跨出了第一步：**在生活中的時間表加入「孩子」**。

喜歡的事情才會做得久，有些男女喜歡得到職場中的掌聲；也有些男女喜歡家庭裡的全方位，現代的爸爸其實越來越懂得參與家庭，並且回應、建立與子女間的互動，樂於陪著老婆上市場一同下廚，縱使工作，也不忘挪出家庭日。當然，有些媽媽走進職場的同時也願意扮演稱職的母親，來不急做便當至少也能買個便當回來自己擺盤，甚至懂得拉著另一半一同參與子女的活動。總之，家庭和樂擺第一。

孩子的接送，常常卡著父母上下班那車流的高峰期，我知道有時為了接送孩子，夫妻二人總有一人需要妥協，這幾年，由爸爸主責接送孩子的情況越來越多了，同時，

許多爸爸還能融入媽媽群中聊起育兒經。有時萬紅叢中一點綠，也是另一種時代的美感。

心法 Tips

❤別讓孩子做最後一個離開校園的等待娃。

❤親職分工需要把孩子安排進我們的行事曆中。

❤無論誰主外或主內，都需要懂得補位與搭配。

❤接受從孩子身上帶來的許多不確定、臨時與突發情況。

大家庭吃大鍋菜

> 早年的街坊鄰居三姑六婆、現在的網路評論鄉民水軍，一樣的情景不同的戰場而已。

「早安！寶寶昨晚睡得好嗎？今天有什麼要特別注意的地方嗎？」保育老師每天例行的問候，迎接每一個入園的小孩，趕上班的父母只能簡短交代幾句或寫在寶寶日誌裡，就趕緊往公司打卡上班去。只是今天一早就看到門口前，老師抱著孩子還一邊安慰著落淚的母親，我心想這麼早就有劇情，怎麼也得湊上去關心一下。

將家長帶進辦公室後，一杯溫水、一盒面紙總是能讓她知道我們的關懷，平復了情緒，媽媽才娓娓道來：「昨晚參加婆婆的生日聚餐，小叔一直用言語挑釁我家小孩，一回兒說他碰一下就哭，沒人緣；一回兒又說，

這麼大了哪有不會拿筷子的，一定是家裡太寵了；小姑還加油添醋說我家小孩不會分享，聽說⋯⋯。我想多說什麼也不是，不說又覺得自己的孩子一直被針對，難受極了。今早我才想問老師，到底我家孩子比起同齡算不算正常啊！還有，我的孩子會不會因為這樣心理就被影響⋯⋯」聽到這番話，我不禁想：大家庭的大桌菜還真不容易吃得舒坦啊！

這真是個從農業社會以來，至今仍無可避免的問題，以前大家庭都住在一起，妯娌孩子們之間的比較更是日常，再加上鄰居們若有似無的補上一點自己的看法，這樣的煙硝味總是不時在大家庭中延燒著，彷彿沒有真正停歇的安寧日子。若我們自己又屬於心思較敏感細膩的那一個，這樣的感受便更容易加乘再放大，有時孩子還沒搞懂自己被開了玩笑或正在被比較，而媽媽的心情早已如萬箭穿心般撕心裂肺了。

現在的社會節奏改變了家庭的結構，許多「2+1」或「2+2」的小家庭努力在這變化快速的資訊流中經營著生活，但每到了逢年過節的重要家庭大會，總有一群媽媽們愁容滿面的祈禱這次家庭日別出什麼大驚喜。尤其在沒有常常進行溝通教養的前提之下，既擔心著自己無端多言解釋會遭長輩或親友白眼、說閒話，又礙於不希望自己的孩子在這情境中有任何的不適感，這大家庭的團圓飯吃起來還真是沉重啊！

若說，難道爸爸就不會出面緩頰或感同身受嗎？我想有時只是男人比較大而化之，想勸另一半別把這樣的話聽進心裡，又知道另一半正在情緒上，怕自己掃到颱風尾而選擇安靜。當然一定也有些智慧的爸爸會在這樣的場合把玩笑或風涼話往身上攬，說：「這一定像到我啦！我就知道你們從小就想消遣我，看來我需要多餵點糖給大家吃……。」**詼諧是轉圜現場氣氛的一種方式，用自嘲的方式來減少尷尬並轉移話題**。或者，一些有經驗的媽媽，會開始用**模仿孩子的口吻來幫孩子說話**，說：「叔叔我本來就有點害羞，以後我們常常見面，你多來看我，我們就不會這麼陌生了啦！……」表達孩子的性格特質外，還不忘拉近親友間的情感聯繫，當然，這些都需要在心平氣和或淡

然處之的心情下來完成。否則，心頭冒煙的當下很難不鑽牛角尖。

無論是爸爸或媽媽要進入對方家庭融為一分子，本來就需要時間與相處、磨合，加上現在多只有在逢年過節這樣的大節日全家親友才有機會團聚，因此，見面次數當然直接會影響到熟稔程度。大人或許懂得社會性語言，會嘗試寒暄問候，而孩子從本來只需要面對兩個大人的環境瞬間拉抬變成面對一群不熟悉的親人，心中的不安也是正常的情緒反應。別著急要孩子接受每一個親友，也別太緊張，這樣幾次的相處就會打擊孩子內心的小世界而產生陰影，切記，**真正直接傳遞感受給孩子的是你而非旁人**。

只有你，能在孩子的「看見」或感受上加上眉批、註解，因此，當你對於這樣的情境感受給予正向的評價，那麼孩子的內心必然勇敢而健康。同時，可以在聚會結束後，觀察看看孩子有沒有因為這樣言語而改變行為或多了某些情緒，我們也才知道如何幫助孩子做情緒的引流。我們都需要情緒的出口，縱使我們擔憂孩子無法正確說明白自己的感受，但肢體語言和表情行為是真實的，只怕我們自己還陷在那情緒的泥沼中，自己都團團迷霧更無法清楚看見孩子的情況了。

農業社會間的親友交流，有時是不得不為之的交集，而現在資訊商業社會，親友的交流早已搬上了網路平台，許多批評指教也常常在留言區裡面出現，透過社群平台曬幸福或吐苦水的貼文，更是不計可數。或許，以前生活圈小走到哪都容易被認出來，現在網路無遠弗屆，家庭的瑣事也能般上討論區，情節都相似，只是戰場不同罷了。從某些角度來看，或許也是好事！老人家有自己面對面的鄉里八卦小組，年輕人有自己吐苦水的同溫層社團。當彼此情緒都有了出口，或許就能準備好心情迎接下一次的過年過節聚會了。

因此，到底身為父母要如何在不傷親友和氣的情況下，保護好子女的身心感受呢？我想除了提前建設好自己的心態外，夫妻間也能透過模擬情境的對話，找到一個最詼諧又最有智慧的回答，溝通好誰負責砲火、誰負責轉移話題。當然，台階是給懂得走下來的人走了，若親友間老是針對孩子唇槍舌戰發表高論，相信這樣的碰面機會只會

越來越少，成了最陌生的親友名單。

心法
Tips

❤只有心理快樂的父母才能養出健康快樂的孩子。

❤話若不中聽，你有選擇聽幾分的權利。

❤孩子會觀察父母的表情，來判斷事情的好壞與正負面向。

❤預先模擬親友大戰的劇本，有助於臨危不亂。

Lesson 19

拿著玩具想著教具

> 如果事情都能一蹴可幾，那就不需要拆解組裝的過程了，「學習」需要啟動內在的力量。

便利商店的玩具貨架前，一個小男孩認真看著架上的工程車玩具組又看看旁邊的小汽車，自從小男孩知道便利商店有玩具貨架後，每天都會期待能到超商走走看看，希冀媽媽能讓他買下眼前的玩具。但他又不敢跟媽媽哭鬧，因為他們有約法三章玩具只能用看的，不能買回家，媽媽教他一邊看著就能想像玩具拿在手上開始玩的感覺，開懷的陪他編撰劇情，而且只要不哭鬧每天都有機會走進超商來看看玩具，想著想著心情也就沒有那麼難受了。

但充滿誘惑力的玩具，也讓小男孩開始攪盡腦汁想辦法來說服媽媽，小男孩問：「媽媽，如果玩具被買走

了，怎麼辦？」媽媽說：「這樣你才有機會看到更多新的玩具啊！」母子之間，總是能圍繞的玩具一言一語的討論著，媽媽知道這是培養孩子惜物且審視需要與想要間的一種練習，也許無法跟孩子訴說大道理，但總能漸進地讓似懂非懂的小腦袋多了一些思考的可能。

走在回家的路上，小男孩又問：「超商的玩具只能看不能買，那他們擺在那裡要賣給誰呢？」媽媽反問：「這真是個好問題，那你覺得誰會來買這樣的玩具呢？」小男孩說：「跟我一樣喜歡玩具的小孩嗎？」媽媽回答：「可是跟你一樣的小孩好像都沒有錢也。你想想只有超商的小汽車才好玩嗎？」看來這媽媽想要轉移話題引導孩子到另外一個問題上去思考。

其實透過孩子內在發展出動機，能夠激勵他們許多認知或情緒的成長，動機往往像種子般驅策內在無窮的潛力，只是很難由外在強押發生，需要透過「發現」與「自覺」醞釀。常常為了等待孩子內在的動機出現，我們總會花上不少的力氣和時間。

經由動機而發生的學習，往往能產生更多的熱情與創造力，許多父母都疑惑自己也沒有少買過玩具或教具給孩子，無論是自己認為值得投資或孩子哭鬧爭取，每個有孩子的家裡，玩具總是多的隨處可見。但孩子總是三分鐘熱度，玩了一下就想再買新的，這感覺跟女人的衣櫥永遠少了一件衣服一樣，填不滿的無底洞，但卻未必看見教具或玩具在孩子的發展上能產生什麼大作用，頂多就是拿到玩具的那一天，父母能有較充分的喘息時間，孩子會自顧自地在一旁玩新玩具。常有父母問：「到底應不應該買玩具給孩子呢？」關於這個問題，我想我們可以從兩個部分來討論。首先，你期待玩具或教具能帶給孩子什麼呢？再者，買玩具是你心中曾經的縮影，還是孩子真的需求呢？（關於這個問題，我們已在前文曾討論過）只有在釐清這兩個問題後，我們才能開懷選擇。

坊間許多玩具都標榜著有教育學習功能，而定位為教玩具，也就是有寓教於樂的功用。其實，玩具就是讓孩子藉由聲光等刺激達到愉悅的感受，未必有彰顯學習的作

用；而教具可以說是有功能性的工具，作為輔助幼兒某些身體動作或認知、情緒的發展。因此，通常教具多為可評量的一種輔助性工具，不一定具備多種玩法或能一魚多吃提供各領域的發展支持。

當然，隨著孩子成長發展，玩具的多元性也會隨之增加，只不過在孩子年紀尚小的階段，教玩具通常會傾向單一功能或單一玩法，好讓他們能透過反覆的練習來完成某個姿勢動作的協調與靈活。因此，我們常說：「小小孩的玩具，都在家裡的柴米油鹽瓶罐裡。」簡單安全的日常生活用品都容易成為他們的玩具，例如：剝香蕉、剝橘子、旋轉蓋子、奶粉罐投球……。若有些教玩具更人性化的給予錯誤控制的提示，還能讓孩子有自己發現問題而調整的思考機會，例如：蒙氏教育，或有些情緒類的教玩具，功能明確達到安撫情緒的效果，例如：安撫娃娃。

因此，對於年齡越小的孩子，千萬別手拿著玩具卻心中想著教具，以為同時擁有這麼多的功能與玩法，能夠更快速的激發幼兒的學習與提升能力。「玩」是幼兒階段重要的任務，所以當然要專心、專注的在玩的狀態裡，若同時有這麼多變化，或許會變成三心二意或走馬看花，反而無法協助成長發展的需要，還容易培養出孩子對於玩具三分鐘熱度的認知。

有時候在買玩具的過程是對孩子的機會教育，或者說在與孩子周旋到底要買什麼玩具，在什麼時間、情況才能買玩具……，這些才是親子間共同需要去經歷學習的過程。現在許多父母都知道答應孩子的事情千萬不能黃牛，否則會讓孩子對於關係之間產生不信任感；但總不能孩子一吵或別人也有，我們就只能妥協或敷衍得靠買玩具來打發他。**千萬別在買玩具這事情上，讓孩子建立了不給糖就搗蛋的行為認知**，不然，到頭來受苦的還是父母自己。

先了解自己為何打算買玩具給孩子，有哪些期待？進而評估目前這階段孩子需要的輔助性支持為何，再來選擇相應的教玩具，如此一來，才有機會錢花在刀口上，收到我們所預期的成效。

心法 Tips

❤延宕享受不是概念，而是需要練習的技巧。

❤依著發展需要挑選教玩具來進行輔助與支持。

❤能力是逐步養成的，一魚多吃需要在發展成熟的條件下才能進行。

❤抓住幼兒長出來的動機，激發他們探索熱情。

皮球怎麼踢才好

“如果凡事都如預期，人生的萬一就能消失了；如果凡事都能順心擁有，人生就無須事事選擇了。”

「媽！你能幫我去幼兒園接小孩嗎？學校打來說娃兒發燒了……。」女人焦急的打給自己的母親，另一頭：「爸，我要出差，孩子能託給你幾天嗎？」男人也急忙打電話給自己的父親討幫忙。怎麼辦！我們雙方的長輩都無法給予支援協助照顧孩子，可是在城市的生活，大小事情都需要錢，我們哪能停工請假啊！如果常請假，到時工作上的好機會，老闆也會跳過我！男人心中泛著低咕，他與另一半商量，希望另一半先請假幾天帶小孩，可是女人出社會這麼多年，好不容易做到小主管的位置，在工作上他也是老闆倚重的得力助手，全靠這幾年他扎實

認真的工作態度，他實在不想為了孩子就這樣放棄工作。

就這樣，在擺不平的工作與孩子間，夫妻還是起了爭執口角，互相都認為對方不懂體諒，互相都認為當初講好的遊戲規則怎麼到頭來亂了套呢？女人說：「當初答應生小孩的前提就是不能影響我的工作，要我辭職回家顧小孩……。」男人說：「只是長輩臨時無法支援，只是請你請假一陣子，又不是一輩子……。」一人一語，面紅耳赤聲音也越來越大聲，最後，冷戰成了這件事的句點。女人說：「長輩不幫忙，就送保母家照顧，反正你該出錢就出錢……。」房間裡，孩子似懂非懂但也聽得出父母們正在吵架，小小的身軀蹲在門邊，不敢出去也不知道還能怎麼辦。隔天上學，孩子跟老師說：「老師，你能帶我回你家嗎？」在老師的追問下，終於知道為何孩子會提出這樣一個沒頭沒尾的問題，原來他以為父母都不要他了，爺奶也無法照顧他，他不知道會被踢到誰家，他很擔心，所以能想到的就是跟著老師回家去。

小皮球，踢得高，飛得遠……。但孩子不是皮球，若被當成皮球踢，一會兒爸媽家、一會兒爺奶家、一會兒外公外婆家……，他們小小的心靈裡會從安定開始，慢慢產生不安與對未知的不相信。我們都知道孩子的生活環境相對於大人是應該更穩定而有規律的，這也是身體發展所需要的基本能量。

適應力，是一種需要時間發展出來的社會性能力。當然，這與幼兒天生的特質是有相關的，有些孩子容易接受新環境、有些則需要花時間來接受新環境，但相信若這樣的情況發生在我們成人身上，一下調到A單位、一下支援B單位……，試問，我們對於公司這樣的安排能安心嗎？

人生有時會在許多關鍵的十字路口上，拋出意外迫使我們重新選擇，或者考驗我們處理問題的能力或態度。也許在我們打算衝刺事業的時間點，孩子突然來報到；也許在我們只想享受兩人小夫妻生活時，送子鳥丟了包裹來敲門，有太多無法準備的可能，讓我們必須接受「當父母」這個角色，有可能這個角色會干擾另一個角色的扮演，甚至取代了另一個角色，這都成為我們心中那股無法宣洩的

無奈與失衡。而劇情往往會跟著時間繼續發展，孩子出生了，誰照顧？孩子出生了，誰賺錢養小孩？諸如此類太多的問題接踵而出，到底是當父母太難，還是我們未曾準備好當父母呢？

「當孩子成為我追求富足人生的絆腳石，我能處理好這燙手山芋嗎？」許多父母都是臨危受命成為了爸爸和媽媽，開始接受生活中多了一個「他」，想像著如何扮演好父母，又覺得自己心智尚未成熟到能成為父母，因此，能想到的就是向上求助，請家中長輩支援協助。若剛好能支持，那也就順理成章地度過風雨，或許還意外增進了三代間的感情。若毫無支持系統，夫妻又沒有妥善討論一些照顧孩子的配套措施，那麼孩子就會成為人頭皮球，左踢右拐，到處托人。我們以為這樣也是一種處理方式。殊不知，這是最下下策的處理辦法，因為從父母煩躁的情緒和孩子對未知的不安，交織出的親子關係可想而知是灰色的憂鬱。我曾問一個因為孩子沒人托顧而煩心的父母說：「如果沒有孩子，你們就能過得比現在更舒服或感情融洽嗎？」沒有人可以為未發生的事情下判斷，你的以為永遠都只是你的想像，我們只是想掙脫現在的牢籠，卻沒想過會不會再跳入另一個枷鎖。若孩子不是生命中的意外，而是你的期待，那結果會有不一樣嗎？

如果我們能把眼前的意外，當成是無數可能而累積出的必然，那你會知道應該如何接受這樣的必然嗎？安排好孩子的主副責照顧與擴充協力支援的配合者，都是我們應該預先準備進行的。孩子不是皮球，踢來踢去誰疼好？讓孩子在相對穩定規律的環境下成長，是父母的責任。

心法 Tips

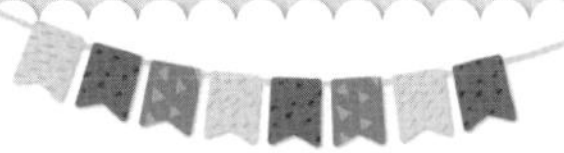

- 若孩子是意外，就將這意外安排成必然。
- 討論出主責的照顧者與協助者，孩子需要穩定規律的環境。
- 孩子若需要多人協力照顧，就培養出他適應環境的能力。
- 觀察孩子的情緒，夫妻吵架少讓孩子參與其中。

Appendix 附錄

【漫畫篇】

育兒不簡單！

育兒不簡單！ f 教養吐苦水-誰沒撞牆期

2021. 11

育兒子簡單！

f 教養吐苦水-誰沒撞牆期

2021.11

育兒不簡單！

f 教養吐苦水-誰沒撞牆期

2021.11

育兒不簡單！

教養吐苦水-誰沒撞牆期

2021.11

育兒不簡單！

教養吐苦水-誰沒撞牆期

2021.11

我的教養手札

我的教養手札

我的教養手札

國家圖書館出版品預行編目資料

只要3分鐘！幼教博士教你當好好父母：20堂育兒心法課／何佩珊 著-- 初版. -- 新北市：集夢坊，
采舍國際有限公司發行，2022.1
面；　公分
ISBN 978-626-95375-0-1（平裝）
1.育兒 2.親職教育

428.8　　110018508

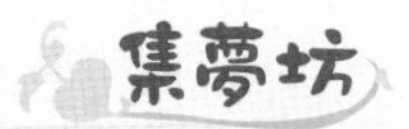

只要3分鐘！幼教博士教你當好好父母：20堂育兒心法課

出版者●集夢坊
作者●何佩珊
印行者●全球華文聯合出版平台
總顧問●王寶玲
出版總監●歐綾纖
副總編輯●陳雅貞
責任編輯●林羿佩
美術設計●陳君鳳
內文排版●王芋崴

台灣出版中心●新北市中和區中山路2段366巷10號10樓
電話●(02)2248-7896　　傳真●(02)2248-7758
ISBN●978-626-95375-0-1　　出版日期●2022年1月初版

郵撥帳號●50017206采舍國際有限公司（郵撥購買，請另付一成郵資）
全球華文國際市場總代理●采舍國際 www.silkbook.com
地址●新北市中和區中山路2段366巷10號3樓
電話●(02)8245-8786　　傳真●(02)8245-8718

全系列書系永久陳列展示中心
新絲路書店●新北市中和區中山路2段366巷10號10樓　　電話●(02)8245-9896
新絲路網路書店●www.silkbook.com　　華文網網路書店●www.book4u.com.tw

跨視界．雲閱讀 新絲路電子書城 全文免費下載 新．絲．路．網．路．書．店 silkbook.com

本書係透過全球華文聯合出版平台（www.book4u.com.tw）印行，並委由采舍國際有限公司（www.silkbook.com）總經銷。採減碳印製流程，碳足跡追蹤，並使用優質中性紙（Acid & Alkali Free）通過綠色環保認證，最符環保要求。